KB178532

단내솔솔 홈베이킹 레시피

달콤하고 포근하게, 누구나 쉽게 만드는 디저트 베이킹북

단내솔솔 홈베이킹 레시피

박민주(단내솔솔) 지음

Sweet and Cozy Home Baking Recipes

프르체

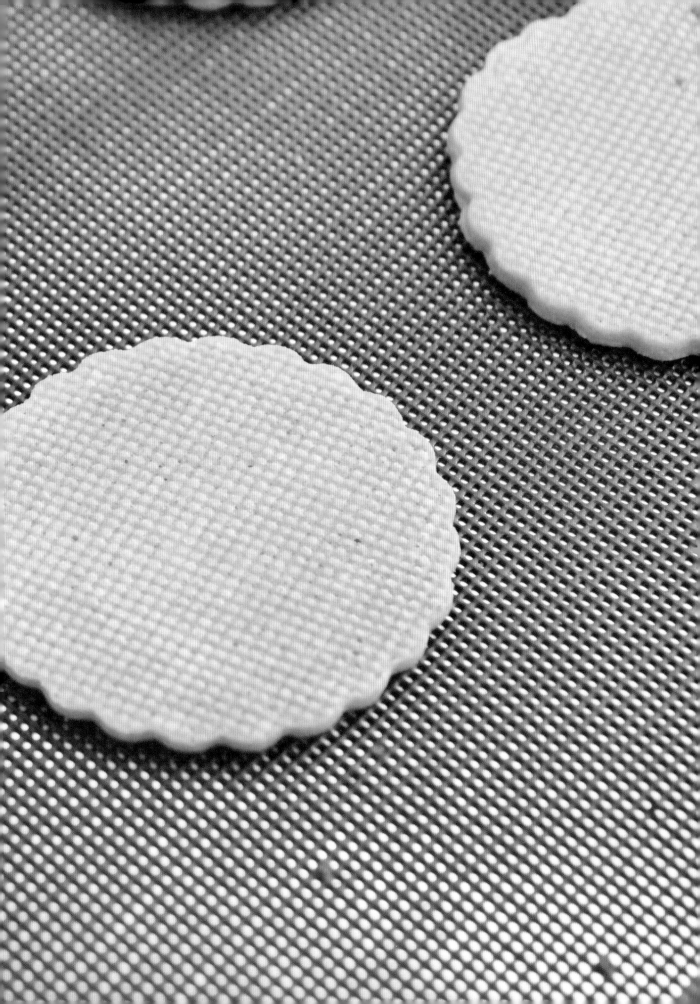

recette 3 chocolat

recette 4 thé

recette 5 spéciale

무염 버터

앵커 버터와 엘르앤비르 고메 버터를 사용했습니다. 버터를 고를 때는 가공 버터가 아닌 유크림 함량이 100%인 제품을 고릅니다.

생크림

유크림 100%, 유지방 35% 이상인 동물성 생크림을 사용했습니다. 케이크 아이싱에 미숙하다면 휘핑크림으로 대체하면 편리합니다. 엘르앤비르의 동물성 휘핑크림을 추천합니다.

분당

슈거 파우더와 분당은 설탕을 곱게 간 것으로 슈거 파우더에만 전분이 조금 들어갑니다. 분당은 슈거 파우더로 대체할 수 있지만 로열 아이싱을 만들 때는 분당을 사용해야 합니다. 데코 스노우는 슈거 파우더를 유지로 코팅한 것으로, 잘 녹지 않아 케이크 위를 장식하기에 좋습니다.

커버추어 초콜릿

코인형 초콜릿은 깔리바우트의 제품을, 블록형 초콜릿은 바인리히의 제품을 사용했습니다. 레시피의 모든 다크초콜릿은 57.7%를 사용했습니다.

바닐라빈

바닐라빈은 반으로 갈라 씨를 긁어내 사용합니다. 우유나 크림에 향을 우릴 때는 남은 껍질도 함께 우린 후 건집니다.

바닐라 익스트랙 & 바닐라빈 파우더

바닐라빈 대신 사용할 수 있는 재료입니다. 바닐라빈 파우더는 너무 많이 사용하면 텁텁해질 수 있으니 주의합니다.

판 젤라틴

젤라틴은 판 젤라틴, 가루 젤라틴 두 가지 종류가 있습니다. 판 젤라틴은 찬물에 한 장씩 넣어 10분 이상 불리고 물을 짜내서 사용합니다. 가루 젤라틴과는 겔화의 정도가 상이해 다음과 같이 계산해서 사용할 수 있습니다.

판 젤라틴 2g(1장) = 가루 젤라틴 1.5g + 물 7.5g

= 젤라틴 매스 9g

→ 젤라틴 매스 g ÷ 4.5 = 판 젤라틴 g

가루 젤라틴

가루 젤라틴 무게의 5배의 미지근한 물과 섞어 불립니다. 불린 후 용기에 담아 굳히고 사용하기 쉽게 분할합니다. 이것을 젤라틴 매스라고 합니다. 판 젤라틴에 비해 정확한 계량이 가능합니다. 약 일주일 동안 냉장 보관할 수 있습니다.

루바브

베리 향이 나는 새콤한 맛의 채소입니다. 이 책에서는 사계절 내내 구하기 쉬운 냉동 루바브를 사용했습니다.

장미 에센스

많이 넣으면 쓴맛이 날 수 있어 소량만 사용하는 것이 좋습니다. 장미 파운드케이크를 만들 때 사용했습니다.

식용 색소

셰프마스터의 수용성 식용 색소를 사용했습니다. 플라스틱 초콜릿 반죽에도 같은 제품을 사용합니다.

실리콘 주걱

재료를 섞을 때 사용합니다. 작은 사이즈의 주걱은 반죽을 조색할 때 사용하면 편리합니다.

스패츌러

반죽이나 크림을 넓게 펼칠 때 사용합니다. 길이 30cm의 기본형과 그보다 작은 L자형을 주로 사용합니다.

핸드 믹서

제누와즈, 크림 등 손으로 휘핑하기 어려운 작업에 사용합니다. 보통 고속으로 거품을 빠르게 올린 후 저속으로 거품을 정리합니다.

전자저울

재료를 정확히 계량하기 위해서 필요합니다. 0.1g 단위까지 측정 가능한 저울을 추천합니다.

온도계

적외선 온도계와 탐침 온도계를 주로 사용합니다. 적외선 온도계는 온도 측정이 빠르고 사용이 간편합니다. 탐침 온도계는 내부 온도를 측정하기 편리하며 비교적 정확한 측정이 가능합니다.

모양 커터

디저트를 장식한 플라스틱 초콜릿 반죽은 슈거 크래프트용 커터를 사용했습니다.

각봉

같은 높이로 재단하기 위한 도구입니다. 1cm, 1.5cm 두께는 제누와즈를 재단하기에 좋고 3mm 두께의 얇은 것은 파트 슈크레를 밀어 펼 때 편리합니다.

제스터

레몬, 오렌지 등의 껍질을 작게 긁어내기 위한 도구입니다. 이렇게 긁어낸 것을 '제스트'라고 합니다.

누름돌

타르트를 구울 때 부푸는 것을 방지하기 위해 사용합니다. 누름돌이 없다면 쌀이나 콩으로 대신할 수 있습니다. 반죽에 유산지를 덮고 누름돌을 올려 사용합니다.

모양 깍지

크림이나 반죽을 다양한 모양으로 짤 수 있는 도구입니다. 짤주머니에 넣어 사용합니다. 옆면에 적힌 숫자로 구별할 수 있습니다.

recette 1 œuf

mille crêpes

crème caramel

vacherin glacél

밀크레이프

mille crêpes

얇은 반죽을 천 겹 쌓았다는 뜻의 밀크레이프.
크레이프 사이에 생크림만 발라도 맛있지만,
이번 레시피에서는 달달한 과일과 상큼한 요거트 크림을 샌딩해 만들었습니다.

요거트 크림

크레이프

과일

* 지름 15cm 케이크 1개 분량

— 재료 —

크레이프	요거트 크림	몽타주
달걀 2개	생크림 200g	크레이프 15장
설탕 25g	설탕 20g	요거트 크림
박력분 75g	플레인 요거트 40g	딸기 200g
무염 버터 30g	요거트 파우더 20g	바나나 2개
바닐라 익스트랙 1ts		
우유 200g		

21

1 크레이프 *crêpes*

반죽하기

1 달걀을 가볍게 풀고 설탕을 넣는다.
2 체 친 박력분을 넣는다.
3 녹인 버터와 바닐라 익스트랙을 넣고 미지근한 우유를 두세 번에 나눠 넣는다.
4 완성된 반죽을 체에 거른다.

굽기

5 팬을 따뜻하게 달군 후 식용유로 얇게 코팅한다.
6 반죽을 조금 붓고 팬을 기울여서 얇게 펼친 후 약불로 가열한다.
7 가장자리가 익어서 떨어지면 조심히 들어 올려 뒤집는다.
8 30초간 뒷면을 익힌 후 팬에서 꺼낸다.

* 팬이 너무 뜨거우면 반죽을 얇게 펼치기 어려우니, 중간중간 차가운 행주에 팬을 식히며 만든다.

2 요거트 크림 *crème au yaourt*

1 모든 재료를 볼에 넣고 뾰족한 뿔이 생길 때까지 휘핑한다.

---

3 몽타주 *montage*

1 크레이프 위에 요거트 크림을 얇게 바르고 그 위에 크레이프를 한 장 덮는다.

2 5층까지 쌓은 후 크림을 얇게 바르고 과일을 올린다.

3 과일 사이를 크림으로 채우고 크레이프를 덮는다.

4 원하는 높이만큼 1~3을 반복해 밀크레이프를 완성한다.

5 윗면을 크림과 과일로 장식한다.

캐러멜 푸딩

crème caramel

황금빛의 캐러멜을 얹은 달콤한 푸딩.
기포 없이 매끈한 단면을 만들기 위해
중탕 물과 오븐 온도를 너무 높지 않게 해주세요.

푸딩

캐러멜

※ 윗지름 7cm × 높이 4.5cm 알루미늄 몰드 3개 분량

재료

캐러멜	푸딩
설탕 60g	달걀 60g
뜨거운 물 20g	달걀노른자 16g
	설탕 40g
	우유 260g
	바닐라빈 1/2개

1 캐러멜 *caramel*

1 녹인 버터를 푸딩 몰드에 얇게 바른다.

2 냄비에 설탕을 넣고 밝은 갈색이 될 때까지 가열한다.

3 뜨겁게 데운 물을 세 번에 나눠 넣고 덩어리 없이 섞는다.

4 캐러멜을 푸딩 몰드에 얇게 깔릴 만큼 담는다.

2 푸딩 *crème caramel*

1 우유에 바닐라빈을 넣고 70℃로 데운다.

2 달걀을 가볍게 풀고 설탕을 넣는다. 1을 조금씩 나눠 넣으며 섞는다.

3 반죽을 체에 거른다.

4 캐러멜이 담긴 틀에 반죽을 나눠 담고 윗면을 호일로 덮는다.

5 팬에 따뜻한 물(50℃)을 담고, 그 안에 넣어 140℃에서 50~60분간 굽는다.
   * 반죽이 물처럼 찰랑이지 않고 가운데를 눌러 봤을 때 탄력이 느껴질 때까지 굽는다.

6 구워진 푸딩은 2시간 이상 냉장한다.

7 얇은 도구로 푸딩 가장자리를 얕게 긁는다.

8 그릇을 위에 덮고 뒤집는다. 위아래로 흔들어 푸딩을 꺼낸다.

1-2

2-2

2-4

2-5

2-7

2-8

2-8(2)

바슈랭 글라세
vacherin glacél

눈처럼 새하얀 모습의 바슈랭 글라세.
바삭한 머랭과 달콤한 아이스크림이 입 안에서 사르르 녹아내립니다.
좋아하는 아이스크림을 넣어 만들어 보세요.

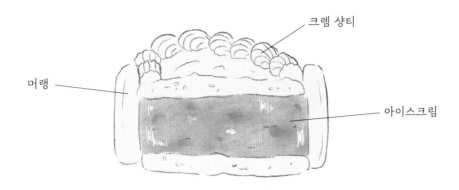

크렘 샹티

머랭

아이스크림

* 지름 9cm×높이 5cm 하트 무스링 1개 분량

───────── 재료 ─────────

머랭	크렘 샹티	몽타주
달걀흰자 35g	생크림 100g	머랭
분당 52g	설탕 10g	아이스크림 300ml
바닐라 익스트랙 1ts		무스띠
		크렘 샹티

1 머랭 *meringue*

1 달걀흰자에 분당을 세 번 나눠 넣으며 휘핑한다. 단단한 머랭을 만든다.
2 하트 2개(지름 9cm), 스틱 10개(길이 5cm×두께 1.5cm)를 짠다.
3 90℃로 예열된 오븐에서 2시간 동안 굽는다.

2 크렘 샹티 *crème chantilly*

1 생크림에 설탕을 넣고 부드럽게 휘어지는 뿔이 생길 때까지 휘핑한다.

3 몽타주 *montage*

1 틀에 무스띠를 붙여 준비하고 하트 머랭을 바닥에 깐 후 부드러운 상태의 아이스크림을 넣는다. 다시 하트 머랭을 올리고 하룻밤 냉동한다.
2 틀과 무스띠를 제거하고 아이스크림 옆면에 머랭 스틱을 붙인다.
3 빈 곳을 크렘 샹티로 장식한다.

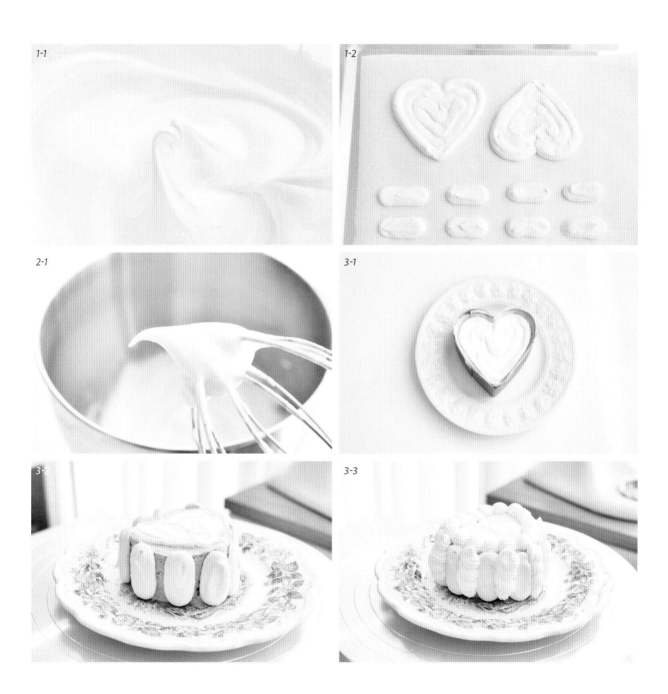

1-1

1-2

2-1

3-1

3-2

3-3

프랑스어 제과 단어

베이킹을 하다 보면 자주 만나게 되는 프랑스어 제과 용어. 레시피에 자주 등장하는 단어들을 알려 드릴게요.

몽타주 *montage* '올리기', '조합하기'라는 뜻의 'monter'에서 유래한 말. 손질된 재료들을 조립해서 디저트를 완성하는 것을 의미합니다.

퐁사쥬 *fonçage* '두르다', '바닥을 깔다'를 뜻하는 'Foncer' 퐁세의 명사형. 타르트나 케이크틀 안쪽에 반죽을 밀착시켜 넣는 작업입니다.

프라제 *fraser* 작업대 위에서 반죽을 스크래퍼나 손바닥으로 짓이겨 반죽을 균일하게 섞는 작업입니다. 프레제(fraiser)라고도 합니다.

피케 *piquer* '찌르다'라는 뜻으로 퐁사쥬한 타르트 반죽에 포크나 뾰족한 도구로 구멍 내는 것을 말합니다. 굽는 동안 반죽 아래에 갇힌 공기가 팽창해 부풀어 오르는 것을 방지합니다.

마카로나쥬 *macaronage* 반죽을 볼 벽면에 넓게 펼쳤다가 다시 긁어내는 것을 반복하며 기포를 제거하고 윤기 나게 만드는 과정입니다.

데세셰 *dessécher* 슈를 만들 때처럼 반죽을 가열해 수분을 제거하는 작업입니다.

뵈흐 *beurre*

버터

| 뵈흐 포마드 *pommade*

크림처럼 물렁한 상태가 된 버터를 말합니다.

파트 *pâte*

반죽

| 파트 슈크레 *pâte sucrée*

설탕이 들어가는 달콤한 쿠키 반죽. 단단하고 바삭한 식감입니다.
받침용 쿠키로 자주 활용합니다.

크렘 *crème*

크림

| 크렘 파티시에르 *crème pâtissier*

'제과점의 크림'이라는 뜻이며 영어로는 '커스터드 크림'이라고
합니다. 기본 재료로 달걀, 우유, 설탕, 밀가루가 사용되며 다양한
크림의 베이스가 됩니다.

| 크렘 앙글레즈 *crème anglaise*

달걀, 우유, 설탕으로 만든 크림. 크렘 파티시에르와 달리 밀가루
가 들어가지 않아 비교적 묽고 밝은 색감입니다.

| 크렘 샹티 *crème chantilly*

생크림에 설탕을 넣고 휘핑한 크림. 설탕을 넣지 않고 휘핑한 것은
'크렘 푸에테(crème fouettée)'라고 합니다.

recette 2 fruit

mousse au lait à la fraise

verrines à la fraise

tarte aux fraises

panna cotta rhubarbe

gâteau à la mousse aux pommes

gâteau mousseline au citron

딸기 밀크 무스

mousse au lait à la fraise

부드러운 딸기우유 맛의 무스 가운데 상큼한 딸기 꿀리를 넣었습니다.
장식된 초콜릿 날개처럼 사랑스러운 맛의 무스케이크입니다.

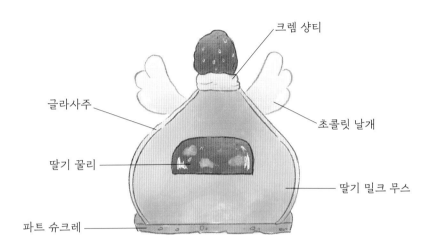

크렘 샹티

글라사주

초콜릿 날개

딸기 꿀리

딸기 밀크 무스

파트 슈크레

* 지름 6.5cm×높이 7.5cm Russian Tale 몰드 5개 분량

―――――― 재료 ――――――

딸기 꿀리

딸기 퓌레 50g
설탕 5g
딸기 20g
젤라틴 매스 3.5g

딸기 밀크 무스

딸기 퓌레 200g
젤라틴 매스 28g
화이트초콜릿 40g
생크림 330g

파트 슈크레

버터 40g
슈거 파우더 25g
달걀 20g
소금 1g
박력분 85g

글라사주

물 60g
설탕 100g
물엿 100g
연유 60g
젤라틴 매스 40g
화이트초콜릿 100g
식용 색소 – 화이트, 레드

초콜릿 날개

화이트 코팅 초콜릿 30g
(137p 도안 참고)

크렘 샹티

생크림 50g
설탕 5g

몽타주

딸기 밀크 무스
글라사주
파트 슈크레
크렘 샹티
건조 라즈베리 소량
초콜릿 날개 장식

1 딸기 꿀리 *coulis de fraise* (지름 3.5cm × 높이 1.5cm)

1 딸기 퓌레와 설탕을 함께 가열하고, 가장자리가 끓어오르면 불에서 내려 젤라틴 매스를 섞는다.
2 작게 썬 딸기를 몰드에 반 정도 담는다.
3 2에 1을 붓고 3시간 이상 냉동한다.

2 딸기 밀크 무스 *mousse au lait à la fraise*

1 딸기 퓌레를 가장자리가 끓어오를 때까지 가열한다.
2 불에서 내려 젤라틴 매스, 화이트초콜릿을 섞으며 25℃까지 식힌다.
3 생크림은 부드러운 휘퍼 자국이 남을 때까지 휘핑한다.
4 2에 3을 세 번에 나눠 넣는다. 거품이 꺼지지 않게 주의하며 섞는다.
5 4를 몰드에 반까지 채운다. 그 위에 딸기 꿀리를 올리고 다시 무스로 덮는다.
6 6시간 이상 냉동한다.
7 완성된 무스는 윗부분을 약 1cm 잘라낸다.

  * 무스는 글라사주를 입히기 직전까지 냉동 보관한다.

3 파트 슈크레 _pâte sucrée_ (지름 6.5cm)

1 48쪽을 참고하여 받침용 쿠키인 파트 슈크레를 만든다.
2 지름 6.5cm의 원형 주름틀로 찍어낸 후 160℃에서 13분간 굽는다.

4 글라사주 _glaçage_

1 냄비에 물, 설탕, 물엿을 넣고 전체적으로 끓어오를 때까지 가열한다.
   * 108℃까지 가열한다.
2 연유와 젤라틴 매스를 섞은 후 화이트초콜릿이 담긴 볼에 붓고 섞는다.
3 식용 색소 화이트와 레드를 활용해 연분홍색으로 조색한다.

3-2

4-2

4-3

5 초콜릿 날개 *ailes au chocolat*

1 137쪽을 참고해 녹인 초콜릿을 코르네에 담아 날개를 그린다.
2 냉장해서 단단하게 굳힌다.

6 크렘 샹티 *crème chantilly*

1 생크림에 설탕을 넣고 단단하게 휘핑한다.

7 몽타주 *montage*

1 무스에 32℃의 글라사주를 입힌다.
2 무스를 파트 슈크레 위로 옮긴다.
3 별깍지를 사용해 무스 상단에 크렘 샹티를 올리고, 건조 라즈베리로 장식한다.
   * NO.33 지름 0.7cm 5발 별깍지
4 칼로 무스 옆면에 작은 틈을 만들고, 초콜릿 날개 끝에 글라사주를 살짝 찍어
   틈에 끼워 넣는다.

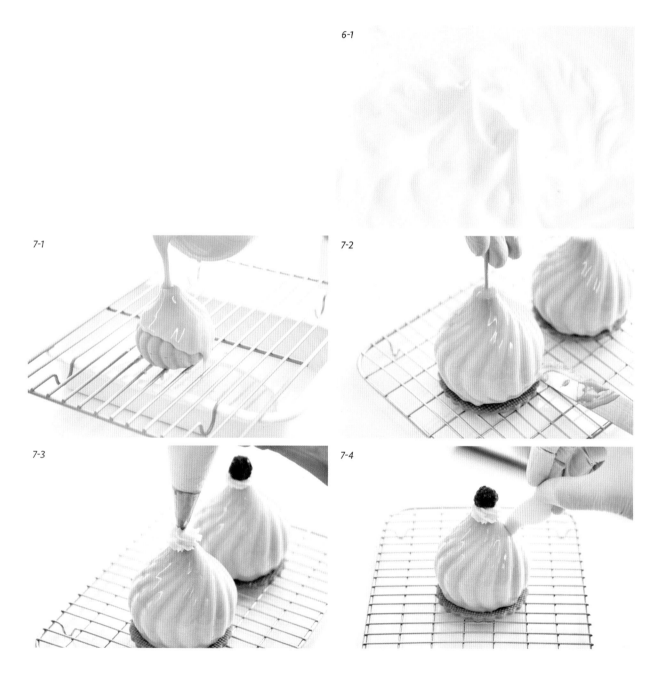

6-1

7-1

7-2

7-3

7-4

딸기 베린느

verrines à la fraise

과일이나 크림을 작은 컵에 담아 만든 디저트를 뜻하는 베린느.
달콤하고 폭신한 바바루아와 딸기 쥬레의 상큼한 맛이 잘 어울려요.

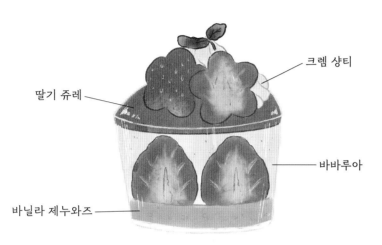

* 지름 6.6cm×높이 5.0cm 5개 분량

─── 재료 ───

바닐라 제누와즈

달걀 150g
설탕 90g
박력분 75g
버터 15g
우유 20g
바닐라 익스트랙 1ts

바바루아

우유 100g
바닐라빈 1/2개
설탕 50g
달걀노른자 30g
젤라틴 매스 18g
생크림 130g

딸기 쥬레

딸기 퓌레 50g
설탕 10g
레몬즙 5g
젤라틴 매스 9g

크렘 샹티

생크림 50g
설탕 5g

시럽

설탕 30g
물 30g

몽타주

바닐라 제누와즈 1호 1장
시럽
바바루아
딸기 100g
딸기 쥬레
크렘 샹티

1 바닐라 제누와즈 *genoise à la vanille* (지름 15cm 원형틀)

1 58쪽을 참고해 바닐라 제누와즈를 만든다.
2 1cm 두께로 슬라이스해 준비한다.

---

2 바바루아 *bavarois*

1 냄비에 우유, 바닐라빈을 넣고 가장자리가 끓어오를 때까지 가열한다.
2 달걀노른자에 설탕을 섞고 1을 조금씩 흘려 넣으며 섞는다.
3 2를 다시 냄비에 옮겨 주걱으로 저어가며 약불로 가열한다. (~80℃)
4 불에서 내려 젤라틴 매스를 섞고 체에 거른 후 30℃까지 식힌다.
5 생크림은 부드러운 휘퍼 자국이 남을 때까지 휘핑한다.
6 4에 5를 두 번에 나눠 넣는다. 이때 거품이 꺼지지 않게 주의하며 섞는다.

---

3 딸기 쥬레 *gelée de fraise*

1 딸기 퓌레, 설탕을 함께 가열하고 가장자리가 끓어오르면 불에서 내려 젤라틴 매스를 섞는다.
2 25~27℃로 식혀 사용한다.

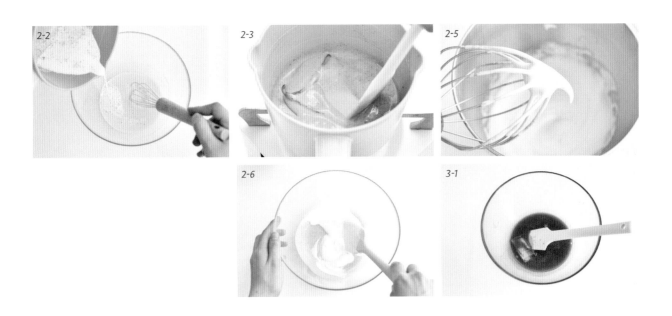

4 크렘 샹티 *crème chantilly*

1 생크림에 설탕을 넣고 휘핑한다. 부드럽게 휘어지는 뿔이 생길 때까지 휘핑한다.

---

5 시럽 *sirop*

1 재료를 한 번에 끓인 후 식혀 사용한다.

---

6 몽타주 *montage*

1 바닥에 제누와즈를 깔고 시럽을 바른다.
   * 디저트를 담을 용기로 찍어 모양을 만들면 편리하다.
2 딸기는 0.5cm 두께로 슬라이스해 몰드 안쪽에 붙인다.
3 틀의 절반까지 바바루아를 담고 작게 자른 딸기를 올린다.
4 쥬레를 올릴 수 있게 0.3cm를 남기고 다시 바바루아로 채운 후 1시간 냉장한다.
5 위에 딸기 쥬레를 붓고 1시간 냉장한다.
6 크렘 샹티로 장식한다.

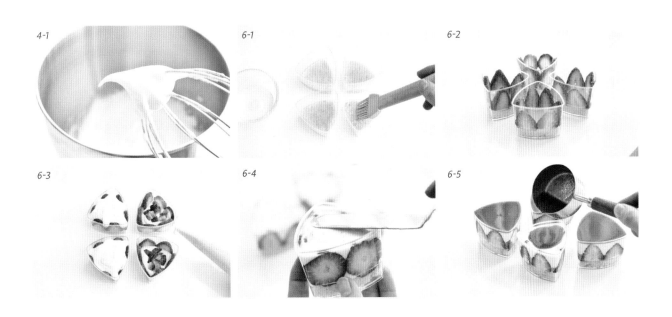

4-1

6-1

6-2

6-3

6-4

6-5

딸기 타르트

tarte aux fraises

루바브는 베리향이 나는 새콤한 맛의 채소로 딸기와 잘 어울리는 재료입니다.
프랑지판 크림에는 아몬드 대신 콘밀을 넣어 식감을 더했습니다.

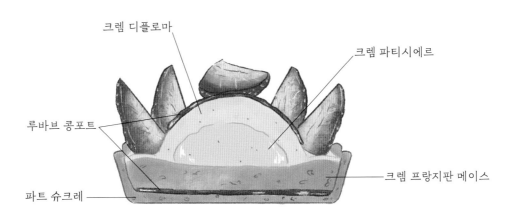

크렘 디플로마

크렘 파티시에르

루바브 콩포트

크렘 프랑지판 메이스

파트 슈크레

* 지름 9cm 타르트 4개

재료

파트 슈크레

버터 80g
슈거 파우더 50g
소금 한 꼬집
달걀 40g
박력분 170g

루바브 콩포트

루바브 120g
딸기 40g
설탕 50g

크렘 파티시에르

우유 200g
바닐라빈 1/2개
설탕 65g
달걀노른자 35g
박력분 15g

크렘 프랑지판 메이스

버터 35g
황설탕 35g
달걀 35g
콘밀 35g
크렘 파티시에르 70g
바닐라 익스트랙 1/2ts

크렘 디플로마

크렘 파티시에르
100g
생크림 100g

몽타주

타르트
크렘 파티시에르
크렘 디플로마
딸기
체에 거른 루바브 콩포트
파트 슈크레

1 파트 슈크레 *pâte sucrée* (지름 9cm×높이 1.8cm 타르트틀)

1 부드러운 버터에 슈거 파우더, 소금을 넣는다.

2 가볍게 푼 달걀을 세 번에 나눠 넣는다.

3 체 친 박력분을 넣고 주걱으로 격자무늬를 그리며 섞는다.

4 반죽을 스크래퍼로 짓이기며 프라제*한다. 1~2회 반복한다.

    * 32p 참고

5 반죽을 랩으로 감싸 1시간 이상 냉장 휴지한다.

2 루바브 콩포트 *confit de rhubarbe*

1 루바브와 딸기는 1cm 크기로 썰어 설탕과 섞는다.

2 냄비 뚜껑을 덮고 약불로 10분간 가열한다.

3 과육이 익어 부드럽게 으깨지면 뚜껑을 열고 3분간 가열해서 수분을 날린다.

4 식힌 후 사용한다.

3 크렘 파티시에르 *crème pâtissière*

1 냄비에 우유, 바닐라빈을 넣고 끓기 시작할 때까지 가열한다.

2 달걀노른자를 거품기로 가볍게 푼 뒤 설탕을 넣는다.

3 체 친 박력분을 넣는다.

4 1을 3에 조금씩 흘려 넣으며 섞는다.

5 반죽을 냄비로 옮겨 중·약불로 가열한다.

    * 눌어붙지 않도록 거품기로 골고루 젓는다.

6 가운데가 보글거리며 끓고 되직해지면 30초~1분간 더 가열한다.

7 비교적 묽어져 주르륵 흐르는 농도가 되면 불에서 내린다.

8 완성된 크림은 볼에 옮겨 표면에 랩을 밀착시킨 후 냉장 보관한다.

4 크렘 프랑지판 메이스 *crème frangipane maïs*

1 부드러운 버터에 황설탕과 바닐라 익스트랙을 넣는다.
2 가볍게 푼 달걀을 두세 번에 나눠 넣고 콘밀을 넣는다.
3 부드럽게 푼 크렘 파티시에르를 넣는다.

5 퐁사쥬 *fonçage*

1 파트 슈크레 단계에서 만들어둔 반죽의 양면에 유산지를 씌우고 3mm 두께로
   밀어 편다. 1시간 이상 냉장 휴지한다.
2 타르트틀 위에 밀어 편 반죽을 올린다. 바닥 면을 먼저 붙인다.
3 가장자리 반죽을 안쪽으로 접어 틀 모서리로 밀어 넣는다.
4 접었던 반죽을 세워 옆면에 붙인다.
5 손가락을 틀 모양에 맞춰 눌러서 모양을 낸다. 반죽을 30분간 냉장 휴지 한다.
6 칼로 틀 위에 튀어나온 반죽을 잘라낸다.
7 바닥 면에 피케*하고 누름돌을 올려 160℃에 10분 굽는다.
   * 32p 참고
8 구워진 타르트지에 루바브 콩포트 15g, 크렘 프랑지판 메이스 50g를 짜고
   17~20분간 더 굽는다.

6 크렘 디플로마 *creme diplomate*

1 생크림은 뾰족한 뿔이 생길 때까지 휘핑한다.
2 부드럽게 푼 크렘 파티시에르에 1의 1/2을 넣어 거품기로 섞고, 나머지 1/2을 주걱으로 뒤집으며 섞는다.

---

7 몽타주 *montage*

1 딸기는 길게 8등분하고 바닥을 비스듬히 잘라 준비한다.
2 크렘 파티시에르를 윗면에 얇게 바르고 정중앙에 동그랗게 짜 올린다.
3 크렘 파티시에르 겉을 크렘 디플로마로 덮는다.
4 딸기와 루바브 콩포트로 장식한다.

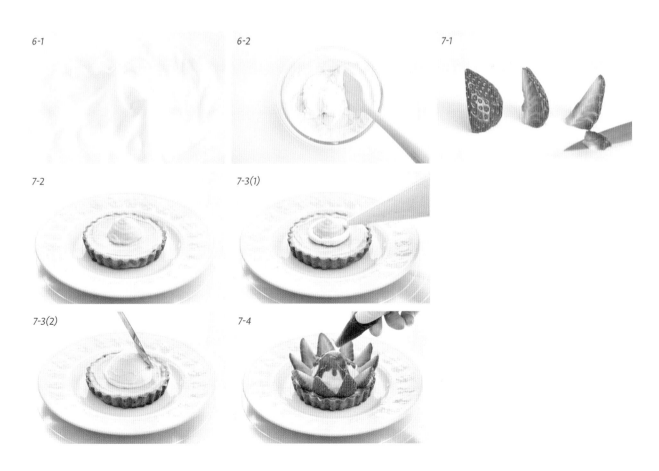

6-1 6-2 7-1

7-2 7-3(1)

7-3(2) 7-4

루바브 판나코타

panna cotta rhubarbe

크림과 설탕으로 만든 이탈리아식 푸딩, 판나코타.
딸기 타르트를 만들고 남은 루바브 콩포트를 곁들여 보세요.
달콤한 크림 향과 새콤한 콩포트가 잘 어울립니다.

플라스틱 초콜릿

루바브 콩포트

판나코타

* 지름 7.5cm×높이 5cm 4개

─────── 재료 ───────

판나코타	루바브 콩포트	몽타주
우유 100g	루바브 80g	판나코타
생크림 100g	딸기 25g	루바브 콩포트
설탕 30g	설탕 35g	
젤라틴 매스 18g		
바닐라빈 1/2개		

recette

1 판나코타 *panna cotta*

1 냄비에 젤라틴 매스를 제외한 모든 재료를 넣고 가장자리가 끓어오를 때까지
   가열한 후, 불에서 내려 젤라틴 매스를 넣는다.
2 용기에 담아 2시간 이상 냉장한다.

2 루바브 콩포트 *confit de rhubarbe*

1 루바브와 딸기는 1cm로 썬 뒤 설탕을 섞는다.
2 냄비 뚜껑을 덮고 약불로 5~10분간 가열한다.
3 과육이 익어서 부드럽게 으깨지면 뚜껑을 열고 3분간 가열해서 수분을 날린다.
4 식혀서 사용한다.

3 몽타주 *montage*

1 굳은 판나코타 위에 콩포트와 딸기를 얹는다.

1-1
1-2

2-2
3-1

사과 무스케이크

gâteau à la mousse aux pommes

상큼한 사과 무스 속에는 사과 과육이 가득 들어간 쥬레가 있어요.
윗면에는 플라스틱 초콜릿 반죽으로 작은 사과를 만들어 장식했어요.

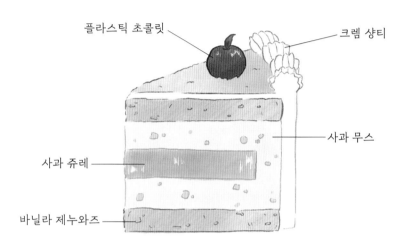

플라스틱 초콜릿

크렘 샹티

사과 무스

사과 쥬레

바닐라 제누와즈

* 지름 15cm 케이크 1개

―――――――――― 재료 ――――――――――

바닐라 제누와즈

달걀 150g
설탕 75g
꿀 15g
박력분 75g
버터 15g
우유 20g
바닐라 익스트랙 1ts

사과 퓌레

작게 썬 사과 150g
설탕 35g
레몬즙 5g

사과 쥬레

사과 퓌레 50g
사과주스 80g
젤라틴 매스 9g

사과 무스

달걀 80g
설탕 80g
사과 퓌레 20g
사과주스 55g
옥수수 전분 4g
무염 버터 35g
젤라틴 매스 16g
생크림 190g

크렘 샹티

생크림 200g
설탕 20g

몽타주

바닐라 제누와즈
시럽
사과 쥬레
사과 무스

아이싱

크렘 샹티
사과 무스케이크
바닐라 제누와즈

1   바닐라 제누와즈 *genoise à la vanille*

1   달걀에 설탕을 넣고 40℃까지 중탕한다.

2   1을 밝은 아이보리색이 될 때까지 고속으로 휘핑한다. 반죽을 떨어뜨려 리본
　　모양을 그렸을 때 자국이 5초간 유지될 때까지 휘핑한다.

3   저속으로 1분간 더 휘핑한다.

4   체 친 박력분을 넣고 알파벳 'J'자를 그리듯이 반죽을 뒤집어 가며 섞는다.
　　바닥까지 잘 긁는다.

5   버터와 우유는 함께 60℃로 데운다.

6   5에 4를 한 주걱 덜어서 섞고 다시 본 반죽에 넣은 후, 반죽을 뒤집어 가며
　　섞는다.

7   높은 곳에서 반죽을 붓고 바닥에 탕탕 쳐서 큰 기포를 제거한다.

8   160℃에서 25~30분 굽는다.

9   구워진 케이크는 틀째로 테이블 위에 떨어뜨려 충격을 주고, 식힘망 위에 뒤집어
　　식힌다.

　　* 뜨거운 수증기가 빠르게 빠져 나와 케이크가 수축하는 것을 방지한다.

10   사용 전까지 랩으로 싸서 보관한다.

　　* 하룻밤 실온 숙성하면 수분이 퍼져 더 촉촉한 식감이 된다.

11   두께 1.5cm로 2장을 자르고 나머지는 굵은 체에 내려 준비한다.

　　* 카스텔라 가루처럼 보슬보슬한 상태가 되도록 한다.

2 사과 퓌레 *ppurée de pommes*

1 냄비에 사과와 설탕을 넣고 뚜껑을 덮어 익힌다.

2 과육이 익어 말랑해지면 레몬즙을 넣고 식힌다.

3 블렌더나 믹서기로 곱게 간다.

---

3 사과 쥬레 *gelée de pomme* (지름 15cm 원형 무스링)

1 무스링 바닥에 랩을 씌워 준비한다.

2 사과 퓌레+사과주스를 뜨겁게 데워 젤라틴 매스를 섞는다.

3 무스링에 담아 4시간 이상 냉동한다.

4 사과 무스 *mousse à la pomme*

1 달걀에 설탕을 섞고 체 친 전분을 섞는다.
2 사과 퓌레와 사과주스를 섞은 후 1에 넣는다.
3 2를 냄비에 옮겨 바닥을 저어가며 80℃까지 가열한다.
4 불에서 내려 젤라틴 매스를 넣고, 버터를 넣는다.
5 생크림은 부드러운 자국이 남을 때까지 휘핑한다.
6 4에 크림을 세 번에 나눠 넣는다. 거품기로 섞은 후 마지막은 주걱으로 뒤집어
   가며 섞는다.

5 크렘 샹티 *crème chantilly*

1 생크림에 설탕을 넣고 휘핑한다. 부드럽게 휘어지는 뿔이 생길 때까지
   휘핑한다.

6　몽타주 *montage* (15cm × 5cm 원형 무스링 1호)

1　무스링 바닥에 랩을 씌워 준비한다.

2　제누와즈를 한 장 넣고 시럽을 바른다.

3　사과 무스의 절반을 넣고 20분간 냉동한다.

4　사과 쥬레를 가운데 얹고 다시 사과 무스를 올린다.

5　그 위에 제누와즈를 덮고 6시간 이상 냉동한다.

7　아이싱 *napper*

1　무스링을 따뜻한 행주로 감싸 데우고 무스링을 뺀다.

2　116쪽을 참고해 겉면을 아이싱한다.

3　가장자리에 크림을 두르고 굵은 체에 내린 바닐라 제누와즈를 올린다.

4　플라스틱 초콜릿과 쿠키로 장식한다.

레몬 시폰케이크

gâteau mousseline au citron

레몬 향 솔솔 나는 촉촉한 시폰케이크.
아이싱으로 귀여운 그림을 그리고 유리처럼 반짝이는 레몬 절임을 올려 장식했습니다.

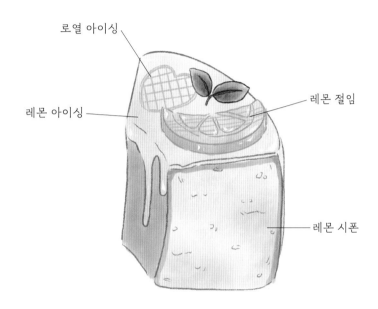

로열 아이싱

레몬 아이싱

레몬 절임

레몬 시폰

* 시폰 몰드 1호(150×140×75mm) 1개

──────── 재료 ────────

레몬 시폰

달걀흰자 100g
설탕A 60g
달걀노른자 50g
설탕B 30g
레몬 제스트 2g
(레몬 1개 분량)
레몬즙 10g
물 25g
식용유 35g
바닐라 익스트랙 1g
박력분 60g
베이킹파우더 1.5g

시럽

물 100g
설탕 50g

로열 아이싱

분당 50g
달걀흰자 10g
바닐라 익스트랙 1/4ts
식용 색소 – 골든옐로우

레몬 절임

레몬 50g
설탕 100g
물 50g

몽타주

레몬 시폰 1개
시럽
레몬 아이싱
로열 아이싱
레몬 절임

레몬 아이싱

슈거 파우더 150g
레몬즙 30g
식용 색소 – 골든옐로우

1 레몬 시폰 *gâteau mousseline au citron*

1 달걀흰자에 설탕A를 세 번 나눠 넣으며 휘핑한다. 부드럽게 휘어지는 뿔의 머랭을 만든다.

2 달걀노른자에 설탕B를 넣고 설탕의 사각거림이 줄어들 때까지 섞는다.

3 물+식용유+레몬즙+제스트를 미지근하게 데워 2에 섞는다.

   * 레몬 제스트: 세척한 레몬의 노란 껍질을 제스터로 긁어내 만든다.

4 체 친 가루류를 넣고 섞는다.

5 4에 머랭을 세 번에 나눠 섞는다. 처음 두 번은 거품기로, 마지막은 주걱으로 반죽을 뒤집어 가며 섞는다.

6 틀에 분무기로 물을 뿌리고 반죽을 붓는다. 바닥에 틀을 내려쳐서 큰 기포를 제거한다.

7 170℃에서 40~45분 굽는다.

8 구워진 시폰은 틀째로 뒤집어 식힌다.

몰드 제거하기

9 틀 밖으로 튀어나온 반죽을 잘라낸다.

10 스패츌러로 틀과 시폰 사이를 긁어서 떼낸다.

2 시럽 *sirop*

1 물과 시럽을 끓인 후 식혀서 사용한다.

---

3 레몬 절임 *lemon confit*

1 레몬은 통째로 끓는 물에 데친 후 차가운 물에 담가 식힌다.
2 냄비에 설탕과 물을 넣고 끓이다가 두께 0.3cm로 썬 레몬을 넣고 약불로 20분 가열한다.
3   레몬의 흰 속껍질이 반투명해지면 불에서 내린다.
4 체에 걸러 시럽을 빼고 60~70℃ 오븐에서 1시간 건조한다.

  * 냉동 보관한다.

---

4 레몬 아이싱 *glacage au citron*

1 슈거 파우더와 레몬즙을 먼저 섞고, 식용 색소를 넣어 연한 노란색으로 조색한다.

3-2

3-4

4-1

5 로열 아이싱 *glacage royal*

1 달걀흰자에 분당을 넣고 뾰족한 뿔이 생길 때까지 휘핑한다.
2 식용 색소를 넣어 진한 노란색으로 조색한다.

   * 너무 되직하면 레몬즙을 넣어 되직함을 조절한다.

3 코르네에 담아 준비한다.

---

6 몽타주 *montage*

1 식은 시폰에 시럽을 골고루 바른다.
2 시폰 윗면에 레몬 아이싱을 뿌린다. 손에 묻어나지 않을 때까지 건조한다.
3 레몬 절임과 로열 아이싱으로 장식한다.

5-1   6-2(1)   6-2(2)   6-3

베이킹 노트 2

허브, 디저트를 더 근사하게

디저트를 장식할 때 빠질 수 없는 허브. 완성된 디저트에 파릇파릇한 허브 한 잎을 얹어 보세요. 여러분의 디저트를 더 근사하게 만들어줄 허브들을 소개합니다.

재스민
jasmine

얇고 연한 잎을 가진 재스민. 향은 거의 없어 어느 디저트에도 무난하게 어울립니다.

타임
thyme

향기가 백 리까지 간다고 해서 백리향이라고도 불리는 타임. 오렌지, 레몬 등 시트러스류와 잘 어울리는 시원한 향입니다.

애플민트
apple mint

다른 민트류에 비해 둥글고 귀여운 형태입니다. 사과처럼 상큼한 향이 나며 대형 마트에서 쉽게 구할 수 있습니다.

노무라
leather leaf fern

정식 명칭은 루모라 고사리입니다. 윤기 나고 앙증맞은 뾰족한 잎들이 모여 있는 모양입니다. 향이 거의 없으며 쉽게 상하지 않아 보관 기간이 깁니다.

로즈메리
rosemary

라틴어로 '바다의 이슬'이라는 뜻의 로즈메리. 바늘같이 좁고 길쭉한 잎을 가졌습니다. 특유의 강한 상쾌한 향으로 인해 생크림 케이크에 장식하면 크림 향이 묻힐 수 있습니다.

* 허브 보관하기

키친타월을 물에 적셔 용기에 깐 뒤 뚜껑을 덮어 냉장 보관하면 1주 정도 보관이 가능합니다. 보관 중 수분이 증발하면 분무기 등으로 수분을 보충해 줍니다. 노무라처럼 질긴 잎은 한 달 이상 보관이 가능합니다.

recette 3 chocolat

opéra

forêt noire

tarte à l'orange

tarte au ganache et poivre

gâteau roulé au deux chocolats

오페라 케이크

opéra

커피시럽을 촉촉히 적신 비스퀴 조콩드 위에 커피 버터크림과 가나슈를 겹겹이 쌓은 케이크.
초콜릿 글레이즈로 매끈하게 덮어 마무리했어요.

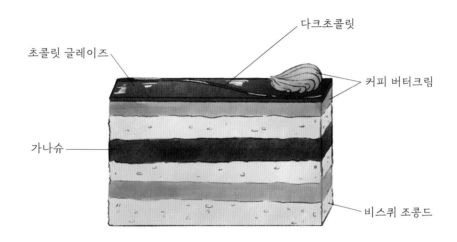

초콜릿 글레이즈
다크초콜릿
커피 버터크림
가나슈
비스퀴 조콩드

재료

비스퀴 조콩드

달걀 100g
슈거 파우더 70g
박력분 20g
아몬드 파우더 70g
버터 15g
달걀흰자 60g
설탕 20g

가나슈

다크초콜릿 100g
생크림 50g

커피 버터크림

물 30g
설탕 80g
달걀노른자 30g
무염 버터 120g
커피 엑기스
(뜨거운 물 10g + 커피 분말 5g)

커피시럽

물 100g
설탕 50g
커피 분말 5g

초콜릿 글레이즈

다크초콜릿 100g
식용유 15g

몽타주

비스퀴 조콩드
커피시럽
커피 버터크림
가나슈
초콜릿 글레이즈
다크초콜릿 소량

recette

1 비스퀴 조콩드 *biscuit Joconde* (25×36cm)

1 달걀흰자에 설탕을 두 번 나눠 넣으며 부드럽게 휘어지는 뿔이 생길 때까지 휘핑한다.
2 달걀에 슈거 파우더를 넣고 반죽 자국이 5초간 유지될 때까지 휘핑한다.
3 체 친 가루류를 넣는다.
4 머랭을 두 번에 나눠 주걱으로 반죽을 뒤집어 가며 섞는다.
5 녹인 버터를 넣는다.
6 유산지를 깐 틀에 고르게 펼쳐서 200℃에서 7분 굽는다.

2 가나슈 *ganache*

1 생크림을 끓기 시작할 때까지 가열하고, 다크초콜릿이 담긴 볼에 붓는다.
2 약 30초~1분간 가만히 두어 초콜릿이 녹으면 한 방향으로 천천히 섞는다.
3 실온에 두어 되직해지면 사용한다.

3 커피 버터크림 *crème au beurre de café*

1 냄비에 물, 설탕을 넣고 118℃까지 가열한다.
    * 시럽을 끓일 때는 젓지 않는다.
2 달걀노른자는 색이 밝아질 때까지 휘핑한다.
3 2에 1을 조금씩 흘려 넣으며 고속으로 휘핑한다.
4 계속 휘핑해 미지근한 온도가 되면 부드러운 버터를 네 번에 나눠 넣으며
    휘핑한다.
5 커피 엑기스를 섞는다.

4 커피시럽 *sirop de café*

1 재료를 한 번에 가열하고 설탕이 녹으면 식힌 후 사용한다.

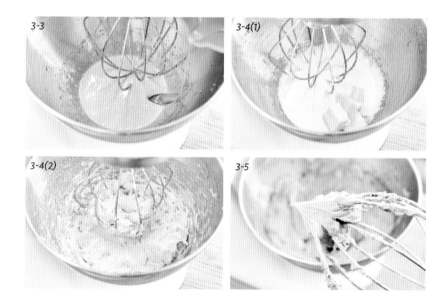

5 초콜릿 글레이즈 *glaçage au chocolat*

1 녹은 다크초콜릿에 실온의 식용유를 넣는다.
2 28~30℃의 온도를 유지해서 사용한다.

6 몽타주 *montage*

1 비스퀴를 3등분한다.
2 커피시럽을 충분히 적신다.
3 커피 버터크림의 1/2을 바른다.
4 시럽 바른 비스퀴를 얹고 가나슈를 바른다.
5 다시 비스퀴를 얹어 남은 커피 버터크림을 바른다. 1시간 냉장한다.
  * 커피 버터크림은 장식용으로 조금 남겨 둔다.
6 초콜릿 글레이즈를 붓고 스패츌러로 얇게 밀어 편 후, 1시간 냉장한다.
7 가장자리를 잘라내고 2.5cm 두께로 자른 후, 다크초콜릿과 커피 버터크림으로
  장식한다.

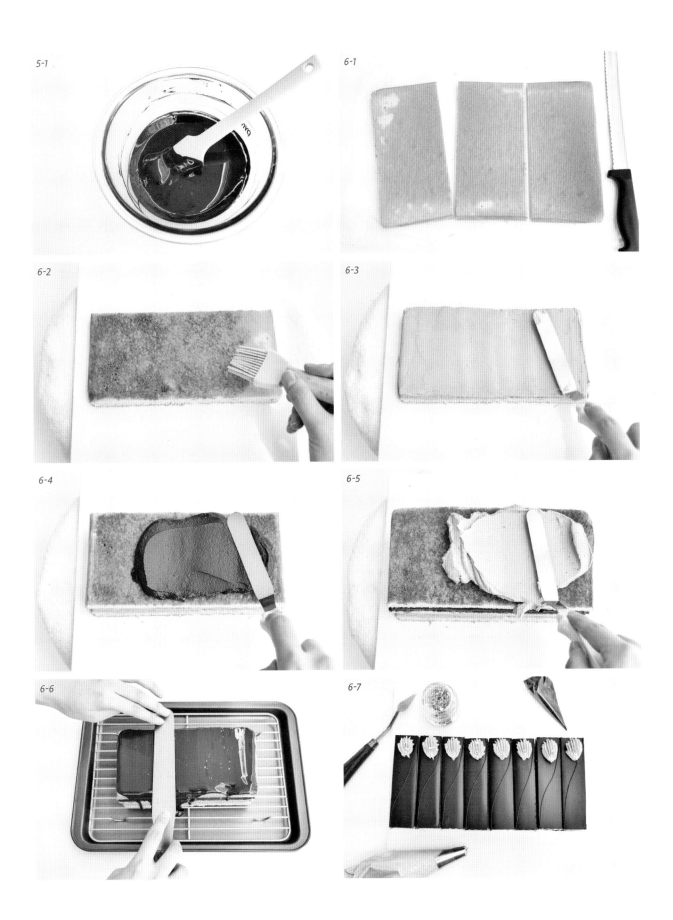

5-1

6-1

6-2

6-3

6-4

6-5

6-6

6-7

포레누아

forêt noire

'검은 숲'이라는 뜻을 가진 케이크로 겉에 뿌려진 초콜릿 장식은 '꼬뽀(copeaux)'라고 부릅니다.
보통 장식으로 체리를 사용하지만 딸기나 바나나 등 다른 과일과도 잘 어울립니다.
촉촉한 초콜릿케이크에 바삭한 꼬뽀가 재미를 더해 줍니다.

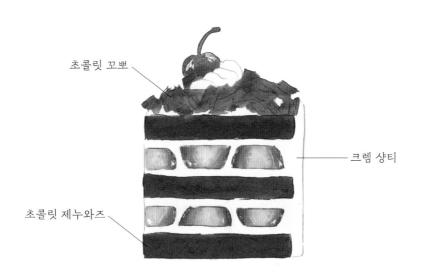

초콜릿 꼬뽀

크렘 샹티

초콜릿 제누와즈

* 지름 15cm 케이크 1개

──── 재료 ────

초콜릿 제누와즈

달걀 150g
설탕 90g
박력분 60g
카카오 파우더 12g
버터 10g
우유 25g

크렘 샹티

생크림 300g
설탕 30g

시럽

설탕 50g
물 50g

초콜릿 꼬뽀

밀크초콜릿 블럭 200g

몽타주

초콜릿 제누와즈 1개
시럽 전량
크렘 샹티 전량
딸기 300g
초콜릿 꼬뽀 전량

1   초콜릿 제누와즈 *génoise au chocolat* (높은 원형틀 1호 150mm×70mm)

1   달걀에 설탕을 넣고 40℃까지 중탕한다.
2   1을 밝은 아이보리색이 되고 리본 모양을 그렸을 때 모양이 5초 동안 유지될 때까지 고속으로 휘핑한다.
3   저속으로 1분간 휘핑해 기포를 정리한다.
4   체 친 박력분을 넣고 알파벳 'ﾉ'자를 그리듯이 반죽을 뒤집어 가며 섞는다. 바닥까지 잘 긁는다.
5   버터와 우유는 함께 60℃로 데운다.
6   5에 4를 한 주걱 덜어서 섞고 다시 본 반죽에 넣은 후, 반죽을 뒤집어 가며 섞는다.
7   높은 곳에서 반죽을 붓고 바닥에 탕탕 쳐서 큰 기포를 제거한다.
8   160℃에서 28분 굽는다.

2   크렘 샹티 *crème chantilly*

1   생크림에 설탕을 넣고 휘핑한다. 부드럽게 휘어지는 뿔이 생길 때까지 휘핑한다.

3 시럽

1 설탕이 녹도록 가열한다. 식힌 후 사용한다.

4 초콜릿 꼬뽀 *copeaux de chocolat*

1 실온에 둔 초콜릿의 평평한 부분을 긁개로 긁어낸다.

5 몽타주 *montage*

1 초콜릿 제누와즈는 두께 1.5cm, 딸기는 두께 1cm로 썰어 준비한다.
2 제누와즈에 시럽을 바른 뒤 크림 – 딸기 – 크림 순으로 올린다.
3 116쪽을 참고해 아이싱하고 30분~1시간 냉장 숙성한다.
4 겉면에 초콜릿 꼬뽀를 붙인다.
5 크림을 짤 공간에는 접착을 위해 꼬뽀를 치우고 크림을 짜서 장식한다.

4-1

5-2

5-4

5-5

오렌지 타르트
tarte à l'orange

상큼한 오렌지 크림과 쌉쌀한 다크초콜릿 가나슈, 위에 올린 쫀득한 오렌지 콩포트까지.
한여름의 오렌지 나무가 생각나는 디저트입니다.

오렌지 절임

파트 슈크레

오렌지 크림

가나슈

* 지름 17cm 타르트 1개

─── 재료 ───

오렌지 절임	파트 슈크레	가나슈	오렌지 크림
오렌지 100g	버터 40g	다크초콜릿 75g	물 10g
설탕 150g	슈거 파우더 25g	생크림 75g	레몬즙 30g
물 100g	달걀 20g	무염 버터 10g	오렌지즙 60g
	소금 1g		버터 40g
	박력분 85g		달걀 90g
			설탕 90g
			옥수수 전분 8g
			오렌지 제스트 1g
			(오렌지 1개 분량)
			젤라틴 매스: 9g
			(가루젤라틴 1.5g + 물 7.5g)

1 오렌지 절임 *confit d'orange* (17cm×3cm 높은 타르트틀 2호)

1 오렌지는 두께 0.5cm의 반달 모양으로 썬다.

 * 이때 제스트도 함께 준비하면 편리하다.

2 냄비에 설탕과 물을 넣고 설탕이 다 녹을 때까지 가열한 후, 1을 넣고 중·약불로 20~30분 더 가열한다. 흰 속껍질이 반투명하게 변하면 불에서 내린다.

3 유산지를 표면에 밀착시키고 하루 동안 냉장 숙성한다.

2 파트 슈크레 *pâte sucrée*

1 48쪽을 참고해 파트 슈크레를 만든다.

3 퐁사쥬 *foncage*

1 반죽의 양면에 유산지를 덮고 3mm 두께로 밀어 편 후, 1시간 이상 냉장 휴지한다.

2 타르트틀 위에 밀어 편 반죽을 올리고, 바닥 면을 먼저 붙인다.

3 가장자리 반죽을 안쪽으로 접어 틀 모서리로 밀어 넣는다.

4 접었던 반죽을 세워 옆면에 붙인다.

5 손가락으로 틀 모양에 맞춰 누른다. 반죽을 30분간 냉장 휴지한다.

6 칼로 틀 위에 튀어나온 반죽을 잘라낸다.

7 바닥 면에 피케하고 누름돌을 올려 170℃에 15분 굽는다.

8 누름돌과 유산지를 제거한 후 달걀물을 얇게 바르고, 170℃에서 10분 굽는다.

9 구워진 타르트는 완전히 식으면 틀을 제거한다.

4 가나슈 *ganache*

1 생크림을 가장자리가 끓어오를 때까지 가열해 다크초콜릿에 붓는다.
2 약 30초~1분간 가만히 두어 초콜릿이 녹으면 한 방향으로 천천히 섞는다.
3 초콜릿이 덩어리 없이 다 녹으면 무염 버터를 넣는다.

5 오렌지 크림 *crème à la orange*

1 냄비에 물, 레몬즙과 오렌지즙, 제스트, 버터를 넣고 끓기 직전까지 가열한다.
2 달걀에 설탕을 섞고 체 친 전분을 섞은 후, 1을 조금씩 흘려 넣으며 섞는다.
3 2를 냄비에 옮긴 후 거품기로 저으며 약불로 가열한다.
4 가운데가 보글거리며 끓으면 30초간 더 가열한다.
5 불에서 내려 젤라틴 매스를 넣는다.

6 몽타주 *montage*

1 파트 슈크레에 가나슈를 붓고 평평하게 펼친 후 1시간 냉장한다.
2 30~35℃의 오렌지 크림을 1 위에 붓고 표면을 평평하게 펼친 후 1시간 이상 냉장한다.
3 오렌지 절임은 체에 걸러 시럽을 빼고, 황설탕을 오렌지 위에 뿌린 후 토치로 그을린다.
4 오렌지 절임을 타르트 위에 올리고 유산지를 덮어 가장자리에 데코 스노우를 뿌려 장식한다.

후추 가나슈 타르트

tarte au ganache et poivre

꾸덕한 가나슈 위에 알싸한 후추가 올라갔어요.
위에 장식된 핑크페퍼는 블랙페퍼보다 향이 부드럽고 색이 예뻐요.
구하기 어렵다면 생략해도 괜찮아요.

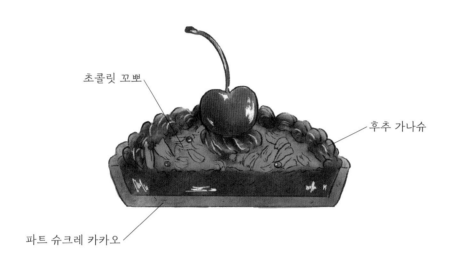

초콜릿 꼬뿌

후추 가나슈

파트 슈크레 카카오

* 미니 타르트틀 4개 분량
(윗지름 9.9cm (아래 지름 9cm) × 높이 1.8cm)

———— 재료 ————

파트 슈크레 카카오

버터 80g
슈거 파우더 50g
소금 1g
달걀 40g
박력분 160g
코코아 파우더 10g

후추 가나슈

생크림 75g
통 흑후추 1g
다크초콜릿 75g
무염 버터 15g

몽타주

파트 슈크레 카카오
후추 가나슈
핑크페퍼
다크초콜릿

1 파트 슈크레 카카오 *pâte sucrée au cacao*

1 48쪽을 참고해 반죽한다.
2 50쪽을 참고해서 타르트틀에 퐁사쥬한다.
3 반죽의 바닥면에 피케하고 160℃에서 15분 굽는다.

2 후추 가나슈 *ganache au poivre*

1 생크림에 흑후추를 갈아 넣고 가장자리가 끓어오를 때까지 가열한다.
2 불에서 내려 뚜껑을 덮고 20분간 향을 우린다.
3 2의 후추를 체에 걸러내고 다시 가열한 후, 다크초콜릿이 담긴 볼에 붓는다.
4 약 30초~1분간 가만히 두어 초콜릿이 녹으면 한 방향으로 천천히 섞는다.
5 버터를 넣는다.

3 몽타주 *montage*

1 구워진 타르트지에 후추 가나슈를 채워 1시간 냉장한다.
2 핑크페퍼와 다크초콜릿, 식어서 되직해진 후추 가나슈로 장식한다.

gâteau roulé au deux chocolats

쌉쌀한 코코아와 부드러운 화이트초콜릿의 맛을 한 번에 느낄 수 있는 롤케이크.
딸기 크림을 샌딩해서 자칫 무거워질 수 있는 맛에 상큼함을 더했습니다.

화이트초콜릿 가나슈

화이트초콜릿 꼬뽀

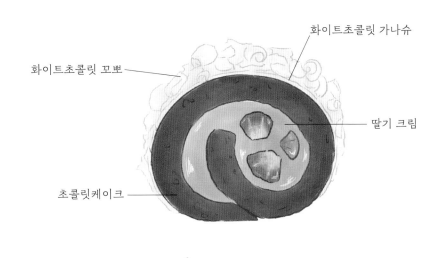

딸기 크림

초콜릿케이크

* 지름 25cm 롤케이크 1개

─── 재료 ───

초콜릿케이크 시트

달걀흰자 145g
설탕A 70g
달걀노른자 60g
설탕B 20g
바닐라빈 파우더 1/2ts
우유 40g
식용유 40g
박력분 60g
코코아 파우더 20g

초콜릿 시럽

설탕 50g
물 50g
다크초콜릿 10g

화이트 가나슈

화이트초콜릿 70g
생크림 40g

딸기 크림

생크림 200g
딸기잼 60g

몽타주

초콜릿 롤케이크 시트
초콜릿 시럽
딸기 크림
과일 100g
화이트 가나슈
화이트초콜릿 꼬뽀
(81p 참고)

1 초콜릿케이크 시트 *gâteau au cocoa* (25cm×36cm 직사각 팬)

1 달걀흰자에 설탕A를 세 번에 나눠 넣으며 휘핑해 부드러운 머랭을 완성한다.
2 달걀노른자에 바닐라빈 파우더와 설탕B를 두 번에 나눠 넣으며 밝은
  아이보리색이 될 때까지 휘핑한다.
3 우유와 식용유를 미지근하게 데워 2에 넣고, 체 친 가루류도 함께 섞는다.
4 3에 1을 세 번에 나눠 섞는다.
5 유산지를 깐 팬에 부어 고르게 펼치고, 170°C에서 10분 굽는다.
6 구워진 시트는 틀에서 빼서 식힌 후 뒤집어서 유산지를 떼어낸다.

2 초콜릿 시럽 *sirop au chocolat*

1 설탕이 녹도록 가열한 후 다크초콜릿을 넣는다.
  * 식혀서 사용한다.

3 딸기 크림 *crème chantilly à la fraise*

1 생크림에 잼을 넣고 끝이 살짝 휘는 뿔이 생길 때까지 휘핑한다.

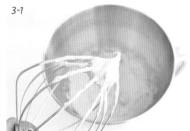

4 화이트 가나슈 *ganache au chocolat blanc*

1 생크림을 가장자리가 끓어오를 때까지 가열한다.

2 1을 초콜릿이 담긴 볼에 붓고 초콜릿이 녹으면 섞는다.

3 케이크 옆면에 바를 수 있게 되직해지도록 식힌다.

5 몽타주 *montage*

1 롤케이크 시트에서 유산지를 떼어내고 사진과 같이 칼집을 넣는다.

2 초콜릿 시럽을 바른 후 딸기 크림과 과일을 올린다.

3 밀대를 사용해서 둥글게 만다.

4 아래쪽 유산지를 당겨주며 긴 도구로 모양을 잡는다.

5 단단히 고정해서 3시간 이상 냉장한다.

6 롤케이크 겉면에 화이트 가나슈를 얇게 바르고 꼬뽀를 붙인다.

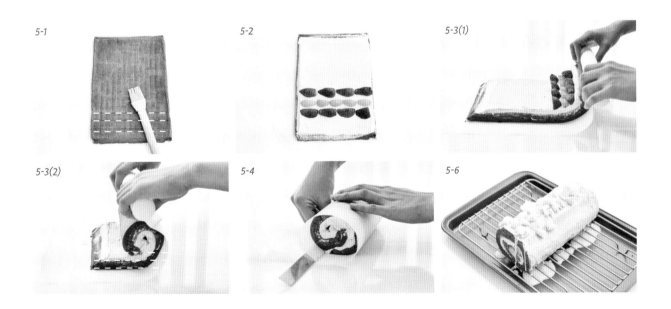

5-1   5-2   5-3(1)

5-3(2)   5-4   5-6

베이킹 노트 3

플라스틱 초콜릿 만들기

초콜릿 공예용으로 많이 사용되는 플라스틱 초콜릿. '모델링 초콜릿'이라고
도 부릅니다. 화이트초콜릿 반죽은 식용 색소를 넣어 원하는 색으로 만들 수
있습니다. 다양한 모양을 만들어 케이크 위를 장식해 보세요.

[재료]
다크초콜릿 또는 화이트초콜릿 100g
물엿 30g

[recette]
1   녹인 초콜릿에 물엿을 섞는다.

  1-1 화이트초콜릿 반죽은 손으로 반죽해서 카카오버터를 짜낸다.

2   랩으로 싸서 딱딱해질 때까지 냉장 숙성한다.

3   단단해진 반죽을 사용할 만큼 잘라서 전자레인지로 5초씩 데운다.

4   실리콘 매트에 옮겨 손바닥으로 짓이겨서 반죽을 부드럽고 매끈하게 만든다.

5   얇게 밀어 커터로 모양을 내거나 손으로 모양을 잡아 사용한다.

recette 4 thé

gâteau roulé au thé vert

quatre quarts au roses

gâteau mousseline au earl grey

gâteau thé au lait à la fraise

말차 롤케이크

gâteau roulé au thé vert

싱그러운 녹색의 말차 롤케이크.
씁쓸한 녹차 크림 속 달콤한 팥앙금이 맛의 포인트가 될 거예요.

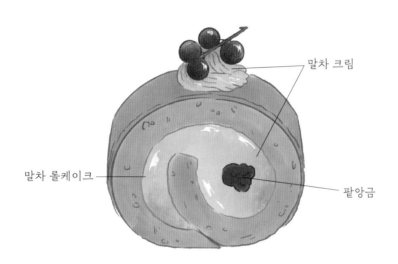

말차 크림

말차 롤케이크

팥앙금

* 25cm × 36cm 직사각 팬 1개

─── 재료 ───

말차 롤케이크 시트

달걀흰자 145g
설탕A 70g
달걀노른자 60g
설탕B 25g
바닐라빈 파우더 1/2ts
우유 40g
식용유 40g
박력분 75g
말차 파우더 8g

시럽

설탕 50g
물 50g

말차 크림

생크림 200g
설탕 30g
말차 파우더 5g

몽타주

말차 롤케이크 시트
시럽
말차 크림
팥앙금 50g

1 말차 롤케이크 시트 *gâteau au thé vert*

1 달걀흰자에 설탕A를 세 번에 나눠 넣으며 휘핑해 부드러운 머랭을 완성한다.

2 달걀노른자에 바닐라빈 파우더와 설탕B를 두 번에 나눠 넣으며 밝은
아이보리색이 될 때까지 휘핑한다.

3 우유와 식용유를 미지근하게 데워 2에 넣고, 체 친 가루류를 섞는다.

4 3에 머랭을 세 번에 나눠 섞는다. 두 번은 거품기로 마지막은 주걱으로 반죽을
뒤집어 가며 섞는다.

5 유산지를 깐 팬에 부어 고르게 펼친다. 170℃에서 10분 굽는다.

6 구워진 시트는 틀에서 빼서 식힌 후, 뒤집어서 유산지를 떼어낸다.

2 시럽 *sirop*

1 설탕이 녹도록 가열한 후 식혀서 사용한다.

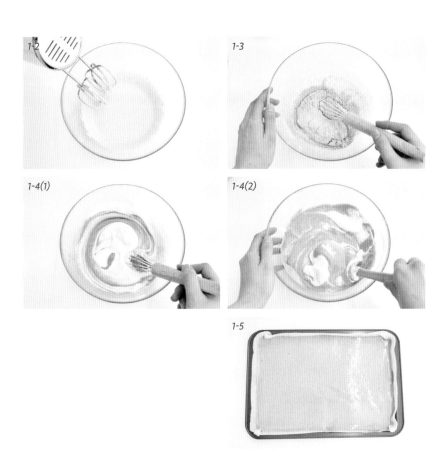

3 말차 크림 *crème chantilly au thé vert*

1 설탕과 말차 파우더를 거품기로 골고루 섞는다.
2 생크림에 1을 넣고 단단한 뿔이 생길 때까지 휘핑한다.

4 몽타주 *montage*

1 롤케이크 시트에서 유산지를 떼어내고 사진과 같이 칼집을 넣는다.
2 시럽을 가볍게 바르고 말차 크림을 펴 바른다.
3 크림 위에 팥앙금을 길게 짜서 올린다.
4 밀대를 사용해서 둥글게 만다. 이때 아래쪽 유산지를 당기며 긴 도구로 모양을 잡는다.
5 단단히 고정해서 3시간 이상 냉장 보관한다.

3-2 4-1
4-2 4-3
4-4

장미 파운드케이크
quatre quarts au roses

마치 홍차를 마신 것처럼 장미 향이 은은하게 퍼지는 케이크입니다.
반죽을 두 가지 색으로 조색해 꽃잎 같은 마블 무늬를 만들어 봤어요.

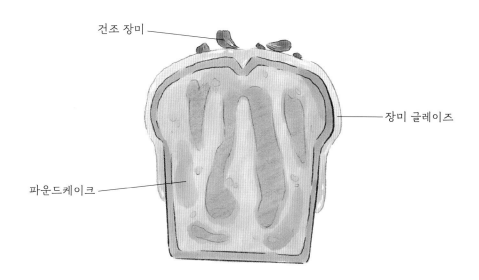

건조 장미

장미 글레이즈

파운드케이크

* 미니 파운드 몰드(130mm×55mm×h 45mm) 2개

───── 재료 ─────

파운드케이크

무염 버터 90g
설탕 85g
달걀 80g
박력분 90g
베이킹 파우더 3g
우유 15g
레피큐리앙 장미잼 50g
식용 색소 – 레드, 화이트
무염 버터 소량(약 5g)
틀 코팅용 무염 버터 소량

장미 시럽

설탕 50g
물 50g
장미 에센스 3방울

장미 글레이즈

분당 60g
생크림 30g
장미 에센스 3방울
식용 색소 – 레드
식용 건조 장미(장미 꽃차)

1 파운드케이크 *quatre quarts*

1 완전히 녹인 무염 버터 소량을 파운드틀 안쪽에 발라 준비한다.

2 포마드 상태의 버터 90g에 설탕을 두 번에 나눠 넣으며 휘핑한다.

3 잘 풀어준 달걀을 네다섯 번에 나눠 넣으며 휘핑한다.

4 체 친 가루류를 넣고 주걱으로 섞은 후 저속으로 30초간 휘핑한다.

5 우유+잼을 미지근하게 데워 4에 넣는다.

6 반죽을 반으로 나눈 뒤 식용 색소를 사용해 각각 연분홍, 진분홍으로 조색한다.

7 각각 짤주머니에 담아서 번갈아 가며 팬에 짠다.

8 버터 약 5g정도를 말랑한 상태로 만들어 짤주머니에 담은 후, 주걱으로 반죽을
오목하게 만들고 가운데에 버터를 길게 짠다.

9 170℃에서 30분간 굽는다.

10 구워진 케이크는 틀째로 테이블 위에 떨어뜨려 충격을 준 후, 틀에서 빼서
식힌다.

* 쇼크를 주면 오븐에서 나온 케이크가 수축하는 것을 막는다.

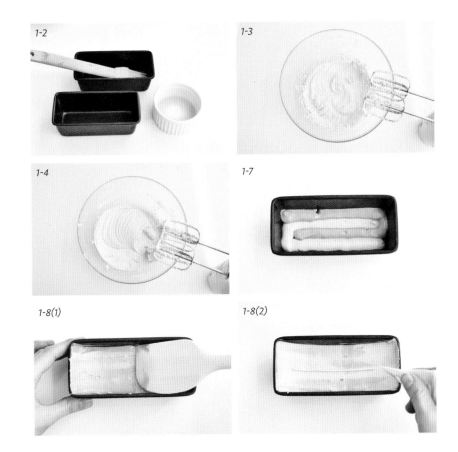

2 장미 시럽 *sirop de rose*

1 설탕과 물을 가열해 설탕을 녹인 후, 식으면 장미 에센스를 넣는다.

2 구워진 장미 파운드가 아직 따뜻할 때 모든 면에 시럽을 바른다.

---

3 장미 글레이즈 *glaçage de rose*

1 슈거 파우더와 생크림, 장미 에센스를 섞고 식용 색소를 사용해 연한 분홍색으로 만든다.

2 식은 파운드 위에 글레이즈를 뿌린 후 식용 건조 장미를 올려 장식한다.

2-2
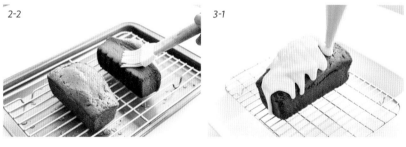

3-1

3-2
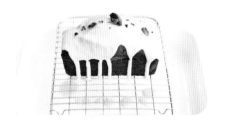

밀크티 시폰케이크
gâteau mousseline au earl grey

향긋한 얼그레이 홍차 향이 가득한 시폰케이크.
복숭앗빛 아이싱을 바르고 오렌지 절임을 올려 장식했습니다.

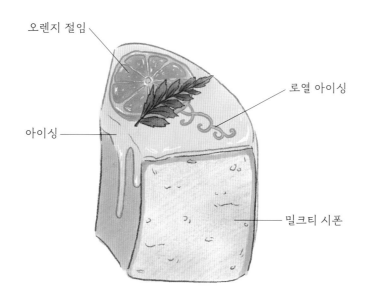

오렌지 절임

로열 아이싱

아이싱

밀크티 시폰

* 시폰몰드 1호 (150x140x75mm) 1개

─── 재료 ───

밀크티 시폰	시럽	아이싱	로열 아이싱
달걀흰자 100g	물 100g	분당 50g	분당 50g
설탕A 60g	설탕 50g	생크림 70g	달걀흰자 g
달걀노른자 50g		식용 색소 – 조지아 피치	바닐라 익스트랙 1/4ts
설탕B 30g			식용 색소 – 조지아 피치
소금 1g			
우유 35g	**오렌지 절임**	**몽타주**	
얼그레이 홍차잎 4g			
식용유 35g	오렌지 50g	밀크티 시폰 1개	
바닐라 익스트랙 1g	설탕 100g	시럽	
박력분 60g	물 50g	아이싱	
베이킹 파우더 1.5g		로열 아이싱	
		오렌지 절임	

1 밀크티 시폰 *gâteau mousseline au earl grey*

1 뜨겁게 데운 우유에 홍차를 넣고 20분간 우린다.
2 64쪽을 참고해 완성한다.

---

2 시럽 *sirop*

1 물과 시럽을 끓인 후 식힌다.

---

3 아이싱 *glaçage à la crème*

1 분당과 생크림을 섞는다.
2 식용 색소를 넣어 복숭아색으로 조색한다.

4 로열 아이싱 *glaçage royal*

1 분당과 달걀흰자를 휘핑한다.
2 식용 색소를 넣어 진한 복숭아색으로 조색한다.
   * 너무 되직하면 레몬즙을 넣어 되직함을 조절한다.
3 코르네에 담아 준비한다.

5 오렌지 절임 *orange confit*

1 66쪽의 레몬 절임을 참고해 완성한다.

6 몽타주 *montage*

1 시폰의 윗면과 옆면에 시럽을 골고루 바른다.
2 시폰 윗면에 아이싱을 뿌린 후, 손에 묻어나지 않을 때까지 건조한다.
3 오렌지 절임과 로열 아이싱으로 장식한다.

딸기 밀크티 케이크
gâteau thé au lait à la fraise

딸기 홍차를 우려낸 향긋한 크림과 달콤한 딸기를 가득 넣은 케이크.
제가 가장 좋아하는 딸기와 홍차를 함께 즐길 수 있도록 만들었어요.
얼그레이는 트와이닝, 딸기 홍차는 아마드티의 차를 사용했습니다.

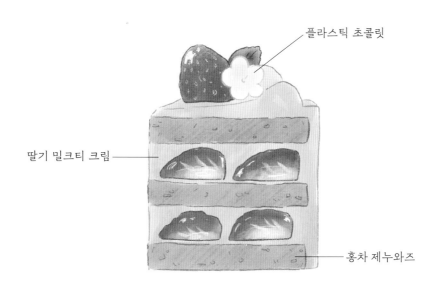

플라스틱 초콜릿

딸기 밀크티 크림

홍차 제누와즈

재료

홍차 제누와즈

달걀 150g
설탕 90g
박력분 75g
버터 15g
우유 25g
얼그레이 홍차 티백 1개(2g)

딸기 밀크티 크림

생크림A 200g
딸기 홍차 티백 3개 (6g)
생크림B 300g
설탕 60g
식용 색소 - 레드

홍차 시럽

설탕 50g
물 50g
얼그레이 홍차 티백 1개(2g)

몽타주

홍차 제누와즈
딸기 밀크티 크림
홍차 시럽
딸기 300g

1 홍차 제누와즈 *genoise au earl grey*

1 우유를 뜨겁게 데운 후 홍차를 넣어 20분간 우린다.

2 달걀에 설탕을 넣고 40℃까지 중탕한다.

3 밝은 아이보리색이 되고 리본 모양을 그렸을 때 5초 동안 모양이 유지될 때까지 고속으로 휘핑한다.

4 저속으로 1분간 더 휘핑한다.

5 체 친 박력분을 넣고 알파벳 'J'자를 그리듯이 반죽을 뒤집어 가며 섞는다. 바닥까지 잘 긁는다.

6 버터와 우유는 함께 60℃로 데운다.

7 5에 4를 한 주걱 덜어서 섞고 다시 본 반죽에 넣는다. 반죽을 뒤집어 가며 섞는다.

8 높은 곳에서 반죽을 붓고 바닥에 탕탕 쳐서 큰 기포를 제거한다.

9 160℃에서 25~30분 굽는다.

10 구워진 케이크는 틀째로 테이블 위에 떨어뜨려 충격을 주고 식힘망 위에 뒤집어 식힌다.

11 사용 전까지 랩으로 싸서 보관한다.

  * 하룻밤 실온 숙성하면 수분이 퍼져 더 촉촉한 식감이 된다.

2 딸기 밀크티 크림 *crème au lait à la fraise*

1 생크림A를 끓기 시작할 때까지 가열한다.

2 불을 끄고 티백을 넣어 30분간 우린다.

3 티백을 꺼내고 표면에 랩을 씌워 3시간 이상 냉장 숙성한다.

4 3과 나머지 재료를 함께 부드럽게 휘어지는 뿔이 생길 때까지 휘핑한다.
　(샌딩용 크림)

5 1/2을 덜어 단단한 뿔이 생길 때까지 휘핑한다.
　(아이싱용 크림)

3 홍차 시럽 *sirop au earl grey*

1 끓인 물에 홍차 티백을 넣어 3분간 우리고 티백을 건져낸 후, 설탕을 넣고
　녹인다.

2-4

2-5

3-1

4 몽타주 *montage*

1 제누와즈에 시럽을 바른다.
2 샌딩용 크림을 얇게 바르고 반으로 썬 딸기를 올린다.
   * 자른 과일은 키친타월에 올려두어 물기를 제거하고 사용한다.
3 다시 크림으로 딸기를 덮는다.
4 1~3을 반복해서 쌓는다.
5 제누와즈를 얇게 코팅하듯이 크림을 바르고 30분간 냉장한다.

5 아이싱 *napper*

1 아이싱용 크림을 얹고 스패츌러를 든 손은 가운데 고정한 후 다른 손으로 돌림판을 돌린다.
2 스패츌러를 일자로 들고 옆면에 붙인다. 스패츌러를 앞뒤로 움직이며 크림을 펼친다.
3 스패츌러를 비스듬히 붙이고 돌림판을 돌려 매끈하게 다듬는다.
4 가장자리에 각이 생긴 크림을 밖에서 안으로 끌어와 윗면을 정리한다.
5 남은 크림은 짤주머니에 담아 윗면을 장식한다.
   * 지름 1.5cm 원형 깍지

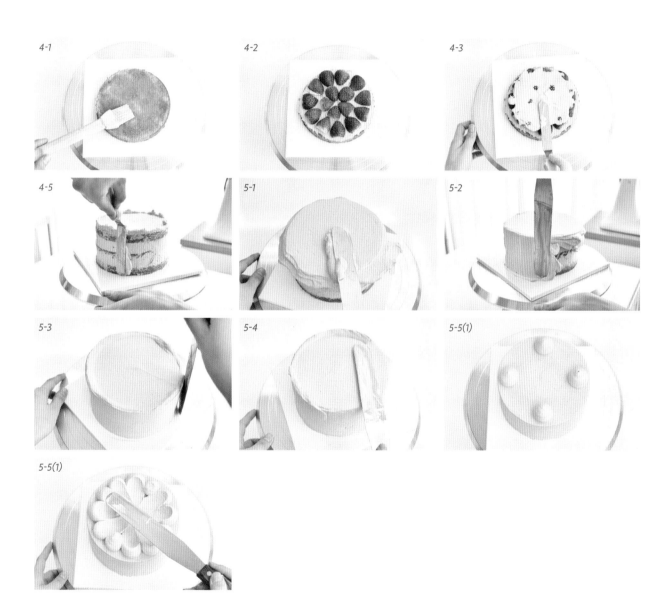

베이킹 노트 4

홍차, 디저트를 더 향기롭게

디저트와 커피도 좋지만 저는 차를 곁들이는 것을 좋아합니다. 여러분의 디저트 타임을 더 향기롭게 만들어줄 홍차들을 추천합니다.

**트와이닝:
얼그레이**

Earl Grey

최초의 얼그레이 홍차를 출시한 브랜드 '트와이닝'. 홍차에 베르가못 향을 첨가해 향긋하고 산뜻한 향입니다. 어떤 디저트에 곁들여도 무난히 잘 어울립니다. 베이킹 재료로 사용하기에도 좋습니다.

with 밀크레이프, 캐러멜 푸딩

**TWG:
그나와**

Gnawa tea

홍차, 녹차, 페퍼민트가 조화롭게 블렌딩된 티. 얼음을 넣어 차갑게 마시면 상쾌한 향이 더 강하게 느껴져 디저트를 먹은 후 입가심으로 잘 어울립니다.

with 사과 무스케이크, 레몬 시폰케이크

**포트넘앤메이슨:
로즈 포총**

Rose pouchong

장미꽃잎과 홍차를 블렌딩한 티. 장미가 가득 핀 정원이 연상되는 향기입니다. 상큼한 딸기 디저트에 곁들이기 좋습니다.

with 장미 파운드케이크, 바슈랭 글라세

하니앤손스:
파리 *Paris*

바닐라와 캐러멜의 부드러운 향에 블랙커런트가 가미된 달달한 티. 묵직한 초콜릿 디저트와 잘 어울리고 밀크티로 만들어도 좋습니다.

with 오페라 케이크, 오렌지 타르트

아크바:
스트로베리

Strawberry

달콤한 딸기향이 들어있는 가향 홍차. 찬물에 천천히 우려내 아이스티로 드시는 것을 추천합니다.

with 딸기 베린느, 딸기 타르트

다만프레르:
크리스마스 티

Christmas tea

마라스키노 체리와 캐러멜 향이 나는 홍차. 크리스마스 파티에 잘 어울리는 티입니다.

with 프레지에, 포레누아

recette 5 spéciale

gâteau à la macaron coeur

fraisier

croquembouche

하트 마카롱 케이크

gâteau à la macaron coeur

쫀득한 마카롱 꼬끄 사이에 크렘 앙글레즈를 넣은 버터크림과 상큼한 딸기 가나슈가 들어갔어요.
특별한 날에 어울릴 만한 사랑스러운 케이크입니다.

딸기 가나슈

앙글레즈 버터크림

마카롱 꼬끄

* 사이즈: 하트 1호(16cm×11.5cm×4.5cm)

── 재료 ──

마카롱 꼬끄	딸기 가나슈	앙글레즈 버터크림	몽타주
아몬드 파우더 55g	깔리바우트 딸기 초콜릿 50g	달걀노른자 30g	마카롱 꼬끄 2개
분당 55g	생크림 30g	설탕 25g	앙글레즈 버터크림
달걀흰자 50g		우유 40g	딸기 가나슈
설탕 50g		버터 90g	딸기 60g
식용 색소 - 네온핑크			

1 마카롱 꼬끄 *coque de macaron*

1. 아몬드 파우더와 분당은 함께 체에 쳐서 준비한다.
2. 달걀흰자에 설탕을 섞고 40℃까지 중탕한다. 고속으로 휘핑해 단단한 머랭을 만든 뒤 식용 색소를 넣는다.
3. 1을 넣고 주걱으로 가르며 섞는다.
4. 반죽을 흘렸을 때 끊기지 않고 매끈한 리본이 그려질 때까지 마카로나쥬 한다.
5. 지름 1cm 원형 깍지를 이용해 하트 모양을 2개 짜고 팬 바닥을 손바닥으로 쳐서 기포를 제거한다.
6. 반죽을 살짝 만졌을 때 손에 묻어나지 않을 때까지 실온 건조한다.
   * 계절과 날씨에 따라 10분~1시간까지 소요
7. 150℃에서 13분간 굽는다.

2 딸기 가나슈 *ganache fraise*

1. 가장자리가 끓어오를 때까지 데운 생크림을 초콜릿에 붓고 30초 후 한 방향으로 섞는다.
2. 짤 수 있을 만큼 되직해지도록 식힌다.

3 앙글레즈 버터크림 *crème au beurre*

1 달걀노른자에 설탕을 섞는다.

2 가장자리가 끓어오를 때까지 우유를 데워서 1에 조금씩 넣으며 섞는다.

3 2를 다시 냄비에 옮겨 주걱으로 저으며 80℃까지 약불로 가열한다.

　*주걱으로 냄비 바닥을 긁었을 때 자국이 사라지지 않으면 완성

5 완성된 크렘 앙글레즈를 체에 걸러 27~30℃로 식힌다.

6 식은 크렘 앙글레즈에 말랑한 버터를 세 번에 나눠 넣으며 휘핑한다. 이때 충분히 휘핑해 부드러운 크림을 만든다.

---

4 몽타주 *montage*

1 마카롱 꼬끄 안쪽에 앙글레즈 버터크림을 짠다.

　*지름 1cm 6각 별 깍지 사용

2 가나슈와 딸기를 올린다.

3 꼬끄를 덮어 윗면을 장식한다.

프레지에

fraisier

프레지에는 '딸기 나무'라는 뜻의 이름처럼 딸기가 가득 들어간 케이크입니다.
크렘 무슬린은 크렘 파티시에르와 버터를 섞은 크림으로, 단단한 질감이 특징입니다.
묵직한 바닐라 아이스크림 맛의 크림과 상큼한 딸기가 조화로운 맛입니다.

프랑보아즈 쥬레 ―

크렘 무슬린

바닐라 제누와즈

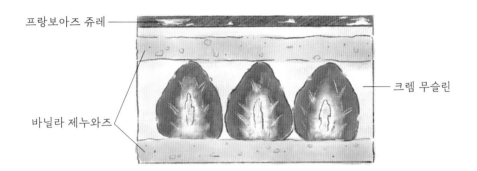

* 하트 1호 16cm×11.5cm

―― 재료 ――

바닐라 제누와즈	크렘 파티시에르	크렘 무슬린
달걀 150g	우유 220g	무염 버터 100g
설탕 90g	바닐라빈 1/2개	크렘 파티시에르
박력분 75g	설탕 75g	
버터 15g	달걀노른자 35g	
우유 20g	박력분 14g	
바닐라 익스트랙 1ts		

프랑보아즈 쥬레	시럽	몽타주
라즈베리 퓌레 50g	설탕 50g	바닐라 제누와즈 2장
설탕 10g	물 50g	크렘 무슬린
젤라틴 매스 6g		프랑보아즈 쥬레
		시럽
		딸기 300g

1 　바닐라 제누와즈 *vanilla genoise* (하트 1호 16cm×11.5cm)

1　58쪽을 참고해 완성한다.
2　높이 1.5cm로 재단하고 하트 무스링으로 찍어낸다.

2 　크렘 파티시에르 *crème patissière*

1　49쪽을 참고해 완성한다.

3 　크렘 무슬린 *crème mousseline*

1　포마드 상태의 버터를 가볍게 휘핑한다.
2　크렘 파티시에르를 두세 번에 나눠 넣으며 휘핑한다.

4 　프랑보아즈 쥬레 *framboise gelée*

1　퓌레+설탕을 끓기 시작할 때까지 가열한다.
2　불에서 내려 젤라틴 매스를 섞는다.
3　25~27℃로 식으면 사용한다.

1-2

3-2

4-2

5 시럽 *sirop*

1 재료를 함께 끓인 후 식혀서 사용한다.

---

6 몽타주 *montage*

1 무스링에 무스띠를 두르고 제누와즈를 한 장 넣은 후 시럽을 충분히 바른다.

2 딸기를 반으로 썰어 가장자리에 두르고, 남은 딸기도 가운데 넣는다.

3 크렘 무슬린을 딸기 사이사이에 채운다.

4 위에 제누와즈를 덮고 시럽을 바른다.

5 크렘 무슬린을 얇게 발라 표면을 평평하게 만든다. 1시간 이상 냉장한다.

　* 무스링에 묻은 크림을 장갑 낀 손으로 닦으면 완성품이 더 깔끔해 보인다.

6 프랑보아즈 쥬레를 붓고 1시간 냉장한다.

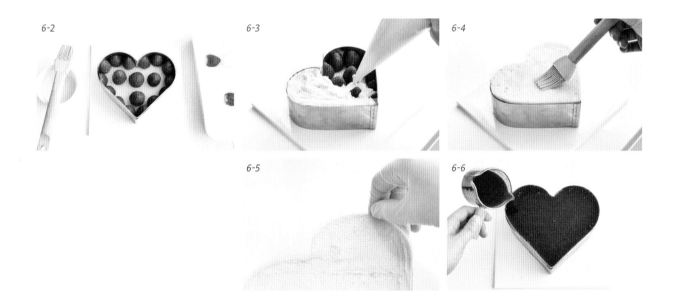

6-2　　　6-3　　　6-4

6-5　　　6-6

크로캉부슈

croquembouche

프랑스의 전통적인 웨딩 케이크인 크로캉부슈.
크림을 가득 채운 슈를 차곡차곡 쌓아 올리고 사이를 달콤한 캐러멜로 고정합니다.
가느다란 설탕 장식인 '슈크레 피레(sucre filé)'로 마무리했습니다.

파트 아 슈

크렘 디플로마

* 높이 20~25cm 크로캉부슈 1개

— 재료 —

파트 아 슈

물 90g
우유 90g
소금 3g
설탕 6g
버터 70g
박력분 110g
달걀 160g

크렘 파티시에르

우유 150g
바닐라빈 1/2개
설탕 50g
달걀노른자 25g
박력분 10g

크렘 디플로마

크렘 파티시에르 150g
생크림 150g

파트 슈크레

버터 40g
슈거 파우더 25g
달걀 20g
소금 조금
박력분 85g

캐러멜

물 60g
설탕 150g
물엿 30g

몽타주

슈
크렘 디플로마
캐러멜
파트 슈크레

1 파트 아 슈 *pâte à choux* (지름 5cm 슈 25개)

1 박력분과 달걀을 제외한 재료를 끓어오를 때까지 가열한다.

2 불을 끄고 1에 박력분을 넣는다.

3 1분 30초간 중불에서 볶다가 반죽이 매끈한 한 덩어리가 되면 불에서 내린다.

4 볼에 옮겨 담아 주걱으로 저으며 식힌다.

5 반죽이 미지근하게 식으면 풀어둔 달걀을 대여섯 번에 나눠 넣는다.

6 반죽을 들어봤을 때 긴 삼각형으로 처지는 농도로 만든다.

　* 준비한 분량의 달걀을 전부 사용해도 모자라다면 물을 조금씩 추가한다.

7 반죽을 1.5cm 높이에서 지름 4cm로 짠다.

　* 지름 1.5cm 원형 깍지

8 손에 힘을 빼고 원을 그리며 깍지를 뗀다.

9 분무기로 반죽 표면에 물을 충분히 뿌린다.

10 190℃에서 20분 굽는다.

　* 굽는 중간에 오븐을 열면 슈가 가라앉으니 절대 열지 않는다.

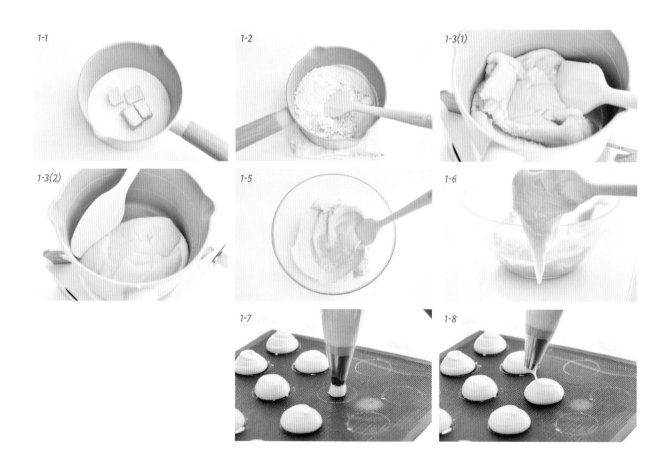

2 크렘 파티시에르 *crème pâtissière*

1 냄비에 우유, 바닐라빈을 넣고 끓기 시작할 때까지 가열한다.
2 달걀노른자를 거품기로 가볍게 푼 뒤 설탕을 넣는다.
3 체 친 박력분을 넣는다.
4 1을 3에 조금씩 흘려 넣으며 섞는다.
5 반죽을 냄비로 옮겨 중·약불로 가열한다.
   *놀어붙지 않도록 거품기로 골고루 젓는다.
6 가운데가 보글거리며 끓고 되직해지면 30초~1분간 더 가열한다.
7 비교적 묽어져 주르륵 흐르는 농도가 되면 불에서 내린다.
8 완성된 크림은 볼에 옮겨 표면에 랩을 밀착시킨 후 냉장 보관한다.

3 크렘 디플로마 *crème diplomate*

1 생크림은 뽀족한 뿔이 생길 때까지 휘핑한다.
2 부드럽게 푼 크렘 파티시에르에 1의 1/2을 넣어 거품기로 섞고, 나머지 1/2을 주걱으로 뒤집으며 섞는다.

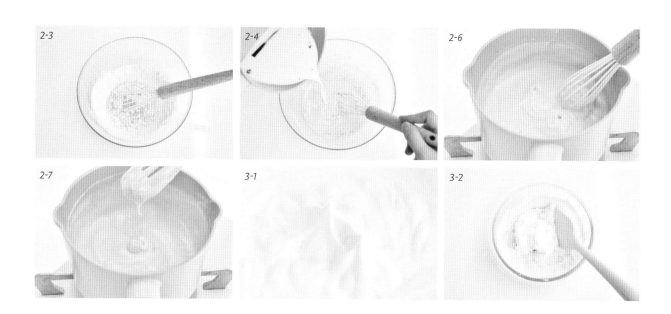

2-3

2-4

2-6

2-7

3-1

3-2

4 파트 슈크레 *pâte sucrée* (지름12cm)

1 48쪽을 참고하여 쿠키 받침 역할을 하는 파트 슈크레를 만든다.
2 지름 12cm의 원형틀로 찍어낸 후, 160℃에서 15~20분 굽는다.

5 캐러멜 *caramel*

1 냄비에 모든 재료를 넣고 벌꿀색이 날 때까지 약불로 가열한다.
   * 결정화될 수 있으니 가열할 때 젓지 않는다.
2 벌꿀색이 되면 차가운 물에 냄비 아랫부분을 담가 식혀서 색이 더 진해지는 것을 막는다.
3 캐러멜이 빠르게 굳지 않도록 따뜻한 물이나 행주를 냄비 바닥에 두고 작업한다.

6 몽타주 *montage*

1 뾰족한 도구로 슈 바닥에 구멍을 뚫고 크렘 디플로마를 채운다. 30분~1시간 냉장해서 크림을 굳힌다.
2 슈 한쪽에 캐러멜을 찍어 쿠키 받침의 가장자리에 두른다.
3 층마다 슈의 개수를 줄여 점점 좁아지는 모양으로 붙인다.
   * 캐러멜이 굳으면 약불로 짧게 가열해서 다시 녹인다.
4 포크로 캐러멜을 찍어서 길게 늘리며 슈 위를 장식한다.

5-1

6-1

6-2

6-3

6-4

베이킹 노트 5

코르네 만들기

로열 아이싱을 짤 때 사용할 수 있는 작은 짤주머니, 코르네를 만들어요. 짤주머니를 사용하기에는 반죽의 양이 적을 때나 섬세한 작업을 할 때 사용하기 좋습니다.

[재료]

양갱 싸개지 비닐 또는 유산지 15cm×15cm

1 비닐을 대각선으로 잘라 삼각형 2개를 만듭니다.

2 한 손가락을 아랫면의 중심을 고정하고 화살표 방향으로 말아 뾰족한 원뿔을 만듭니다.

3 가운데 테이프를 붙여 고정합니다.

4 내용물을 담고 안쪽으로 접어 테이프를 붙입니다.

①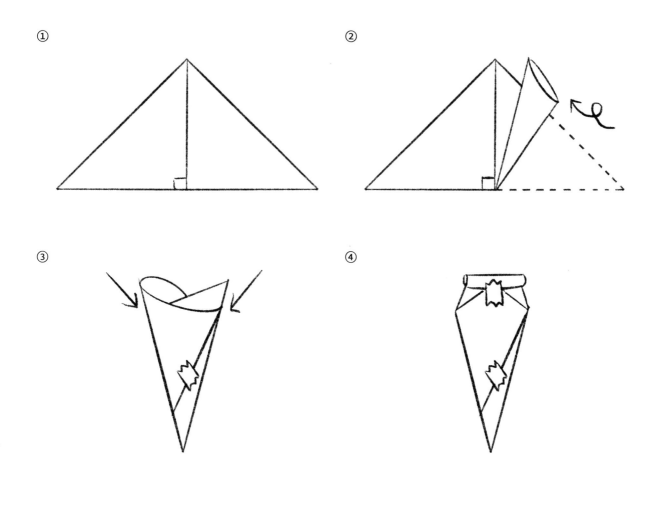

②

③

④

* 초콜릿 날개 도안

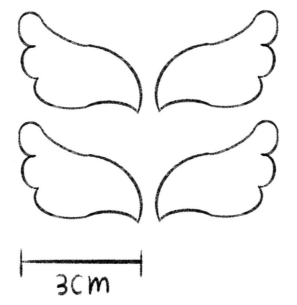

3cm

저는 겁이 많은 사람입니다. 처음 닥친 일에는 지레 겁을 먹곤 합니다.
이번 역시 그랬습니다. 처음 집필 제안이 왔을 때 저는 대학교에서 장문의
자필 레포트를 마주하며 눈물을 흘렸던 기억이 떠올랐습니다. 곧이어 상상
속에서 일어나지도 않은 곤란한 상황들이 마구 펼쳐졌습니다.

　하지만 그런 생각도 잠시, 책이 세상에 나온 뒤 제게 찾아올 좋은 일들이
하나둘 떠오르기 시작했고 그것들로 인해 어느덧 불안한 생각은 가려져
버렸습니다.

출판 제의를 수락한 날 밤에 다시 한번 가지고 있던 모든 디저트 책들을 꺼내
보았습니다. 평소엔 관심 있게 보이지 않던 작가 소개까지도 마치 자주 먹던
디저트를 새삼스레 음미하듯 차근차근 읽었고, 내가 어떤 책을 쓰고 싶은지
고민하게 되었습니다.

　얼마나 지났을까, 제 고민이 도착한 곳은 바로 '책장 속에 간직하고만
있어도 몽글몽글한 꿈이 솟아나는 책을 만들고 싶다'였습니다. 저에게도
그런 책이 있습니다.

제 첫 레시피북은 어느 초콜릿 책입니다. 거실 한편에 있는 책장의 가장 아래쪽에
꽂아두던 그 책은 초콜릿 같은 매끈한 갈색 표지가 인상적이었습니다. 어린이가
이해하기엔 어려운 재료와 과정이 빼곡했지만, 섬세하고 달콤한 초콜릿 사진에
푹 빠져서 매일 밤 잠들기 전까지 읽었습니다.

많은 초콜릿 레시피 중에서 가장 먼저 만들어 본 것은 '핫초콜릿'이었습니다. 어두운 저녁, 쌉쌀한 코코아파우더와 달달한 설탕의 향기, 우유가 보글거리며 끓어오르는 소리. 핫초콜릿을 만들던 순간이 그것의 향만큼이나 기억 속에 진하게 남아 있습니다. 지금도 그 책을 읽으면 핫초콜릿을 만들었던 그 날로 돌아가는 것 같습니다.

저의 초콜릿 책처럼 이 책이 여러분께도 소중히 오래 간직되는 책이 되면 좋겠습니다.

이 책에는 만화 〈꿈빛 파티시엘〉에서 영감을 받아 만든 디저트들이 다수 있습니다. 어린 시절 그 만화를 본 사람이라면 누구나 한 번쯤 '나도 파티시에가 되고 싶다'고 생각했을 것입니다. 물론 저도 그중 하나입니다.

가장 기억에 남는 장면이라면 바로 첫 에피소드에서 크레이프를 만드는 내용입니다. 주인공이 처음 만들었던 밀크레이프는 까맣게 타버려서 정말이지 형편없었습니다. 주인공은 여기서 좌절하지 않고 밤새도록 밀크레이프를 연습했습니다. 마침내 온전한 크레이프를 한 장 한 장 쌓아 올려 제법 그럴듯한 밀크레이프를 완성하게 되었던 순간을 생각하면 아직도 가슴이 벅차오릅니다.

지금도 제가 하는 일이 막힐 때면 이 장면을 떠올립니다. 이 책을 쓸 때도 마찬가지였습니다. 글쓰기는 여전히 어렵지만 크레이프를 만든다는 생각으로

다양한 각도와 배경에서 사진을 촬영하고 여러 번의 레시피 수정을 거치며
페이지를 한 장씩 쌓아나갔습니다.

그래서 이 책의 첫 레시피로 밀크레이프를 꼭 넣고 싶었습니다.

제가 유튜브를 시작하게 된 이유, 몇 년간 꾸준히 제과 영상을 만들 수 있었던
이유, 과분하게도 제 예상보다 많은 분들께 사랑을 받을 수 있었던 이유,
마지막으로 이 책을 쓰게 된 이유 역시 만화⟨꿈빛 파티시엘⟩이 상당 부분 영향을
주었다고 생각합니다.

이 책이 나올 수 있게 도와주신 포르체 출판사 여러분과 저의 디저트를 맛있게
먹어주는 가족과 지인들, 항상 응원해 주시는 유튜브 구독자분들과 이 책을
읽어주신 모든 분들께 감사드립니다. 그리고 만화⟨꿈빛 파티시엘⟩에게도 특별히
감사를 전하고 싶습니다. 고맙습니다.

2024년 4월,
박민주

단내솔솔 홈베이킹 레시피

초판 1쇄 발행 2024년 5월 8일

지은이 박민주
펴낸이 박영미
펴낸곳 포르체

책임편집 임혜원
마케팅 정은주
디자인 황규성

출판신고 2020년 7월 20일 제2020-000103호
전화 02-6083-0128 | 팩스 02-6008-0126
이메일 porchetogo@gmail.com
포스트 https://m.post.naver.com/porche_book
인스타그램 www.instagram.com/porche_book

ⓒ 박민주(저작권자와 맺은 특약에 따라 검인을 생략합니다.)
ISBN 979-11-93584-38-5 (13590)

여러분의 소중한 원고를 보내주세요.
porchetogo@gmail.com